高等职业教育创新发展行动计划骨干专业建设成果

C 语言程序设计
任务驱动式教程

张 岚 高爱梅 田 雪 编著

西安电子科技大学出版社

内 容 简 介

本书内容由初识 C 语言程序，设计简单的计算器，身体健康检查程序，猜数字游戏程序，学生成绩处理程序，模拟 ATM 机存、取款程序，竞赛评分程序，学生成绩管理程序，文件访问等九个任务组成。本书以应用为目的，以任务案例为引导，结合企业工程师软件开发的实战经验，使读者可以较快地掌握 C 语言编程规范和模块化程序设计思想，具有基本算法设计和程序设计的能力。

本书可作为高职计算机类专业教材，也可作为教师教学的参考用书。

图书在版编目(CIP)数据

C 语言程序设计任务驱动式教程/张岚，高爱梅，田雪编著. —西安：西安电子科技大学出版社，2018.8(2019.1 重印)

ISBN 978 - 7 - 5606 - 4943 - 6

Ⅰ. ① C… Ⅱ. ① 张… ② 高… ③ 田… Ⅲ. ① C 语言—程序设计—教材
Ⅳ. ① TP312.8

中国版本图书馆 CIP 数据核字(2018)第 113476 号

策划编辑 刘统军
责任编辑 王 斌 李惠萍
出版发行 西安电子科技大学出版社(西安市太白南路 2 号)
电 话 (029)88242885 88201467 邮 编 710071
网 址 www.xduph.com 电子邮箱 xdupfxb001@163.com
经 销 新华书店
印刷单位 陕西利达印务有限责任公司
版 次 2018 年 8 月第 1 版 2019 年 1 月第 2 次印刷
开 本 787 毫米×1092 毫米 1/16 印张 15
字 数 353 千字
印 数 601～2600 册
定 价 35.00 元

ISBN 978 - 7 - 5606 - 4943 - 6/TP

XDUP 5245001 - 2

前　言

本书是一本以应用为目的，以职业技术能力培养为主线，采用任务驱动方式编写的案例式教材。

本书将 C 语言程序设计中的基础知识分布到任务的实施过程中，通过任务驱动方式引导读者，结合对工作任务的分析和实现使读者掌握相关理论知识和实践技能，体现了教、学、做一体化的教学思想。任务的规模和难度阶梯性递增，符合编程开发的学习规律。任务分为学习目标、任务简介、任务分析、支撑知识、任务实施等子过程，手把手地带领读者完成 C 语言的学习。各任务包含的知识点分述如下：

任务一：C 语言的特点、C 语言的结构组成、C 语言的集成开发环境（Visual C++6.0）和 C 语言的程序设计规范。

任务二：变量标识符，基本数据类型，输入、输出函数，算术运算符、赋值运算符及其表达式。

任务三：关系运算符、逻辑运算符及其表达式，if 单分支、if 双分支、if 多分支结构，switch 结构，条件运算符、逗号运算符及其表达式。

任务四：while 语句、do…while 语句、for 语句、循环的嵌套、break 语句与 continue 语句、rand 函数与 srand 函数。

任务五：一维数组、二维数组、字符数组及字符串处理的相关函数。

任务六：结构化程序设计、函数的概述、函数的定义、函数的一般调用方式和特殊调用方式、变量存储类别及其作用域、内部函数和外部函数。

任务七：指针、指针与数组、指针与字符串、指针与函数、指针数组和二级指针。

任务八：结构体、共用体、枚举类型、类型定义符 typedef。

任务九：文件的概述、文件指针、文件的打开与关闭、文件的访问。

本书在编写过程中，得到了北京中软公司的大力支持和帮助，该企业对于本书的任务设计、任务实施、知识要点选取等环节进行了专业技术指导，在此表示衷心的感谢！

参加本书编写的作者均为教学一线教师，并都承担了应用软件的设计和开发工作，具有丰富的教学实践经验。本书编写分工如下：张岚编写了任务四、任务七、任务八、任务九，高爱梅编写了任务一、任务二、任务三、任务六，田雪编写了任务五。本书由张美枝和郝俊寿共同担任主审。

本书在编写过程中参阅了许多 C 语言程序设计方面的教材和文献，在此对相关作者致以深深的谢意。由于编者水平有限，书中难免存在不足之处，恳请广大读者批评指正。

编　者
2018 年 3 月

任务三　身体健康状况检查程序 ················· 38

　　学习目标 ····················· 38

　　任务简介 ····················· 38

　　任务分析 ····················· 38

　　支撑知识 ····················· 39

　　　一、条件判断表达式 ··············· 39

　　　二、分支结构 ················· 40

　　　三、其他运算符 ················· 48

　　任务实施 ····················· 49

　　　一、总体分析 ················· 49

　　　二、功能实现 ················· 50

　　任务小结 ····················· 51

　　课后习题 ····················· 51

任务四　猜数字游戏程序 ················· 56

　　学习目标 ····················· 56

　　任务简介 ····················· 56

　　任务分析 ····················· 56

　　支撑知识 ····················· 57

　　　一、while 语句 ················· 57

　　　二、do…while 语句 ··············· 59

　　　三、for 语句 ················· 61

　　　四、循环的嵌套 ················· 63

　　　五、break 语句与 continue 语句 ········· 65

　　　六、rand 函数与 srand 函数 ··········· 67

　　任务实施 ····················· 68

　　　一、总体分析 ················· 69

　　　二、功能实现 ················· 69

　　任务小结 ····················· 70

　　课后习题 ····················· 71

任务五　学生成绩处理程序 ················· 74

　　学习目标 ····················· 74

　　任务简介 ····················· 74

　　任务分析 ····················· 74

　　支撑知识 ····················· 75

　　　一、一维数组 ················· 75

　　　二、二维数组 ················· 78

　　　三、字符数组及字符串处理的相关函数 ······· 82

　　任务实施 ····················· 86

　　　一、总体分析 ················· 86

目　录

任务一　初识 C 语言程序 ………………………………………………………

学习目标 ………………………………………………………………………………

任务简介 ………………………………………………………………………………

任务分析 ………………………………………………………………………………

支撑知识 ………………………………………………………………………………

　　一、C 语言的特点 ………………………………………………………………

　　二、C 语言的结构组成 …………………………………………………………

　　三、安装并使用 Visual C++ 6.0 ………………………………………………

　　四、在 Visual C++ 6.0 中开发 C 程序 ………………………………………

　　五、程序算法基础 ………………………………………………………………

　　六、程序设计规范 ………………………………………………………………

任务实施 ………………………………………………………………………………

　　一、总体分析 ……………………………………………………………………

　　二、功能实现 ……………………………………………………………………

任务小结 ………………………………………………………………………………

课后习题 ………………………………………………………………………………

任务二　设计简单的计算器 ……………………………………………………

学习目标 ………………………………………………………………………………

任务简介 ………………………………………………………………………………

任务分析 ………………………………………………………………………………

支撑知识 ………………………………………………………………………………

　　一、变量标识符 …………………………………………………………………

　　二、基本数据类型 ………………………………………………………………

　　三、输入、输出函数 ……………………………………………………………

　　四、运算符和表达式 ……………………………………………………………

任务实施 ………………………………………………………………………………

　　一、总体分析 ……………………………………………………………………

　　二、功能实现 ……………………………………………………………………

任务小结 ………………………………………………………………………………

课后习题 ………………………………………………………………………………

　　二、功能实现 ·· 86

　任务小结 ··· 87

　课后习题 ··· 87

任务六　模拟 ATM 机存、取款程序 ································ 91

　学习目标 ··· 91

　任务简介 ··· 91

　任务分析 ··· 91

　支撑知识 ··· 92

　　一、结构化程序设计 ··· 92

　　二、函数的概述 ··· 93

　　三、函数的定义 ··· 94

　　四、函数的一般调用方式 ··· 97

　　五、函数的特殊调用方式 ··· 104

　　六、变量存储类别及其作用域 ··· 107

　　七、内部函数与外部函数 ··· 114

　任务实施 ··· 115

　　一、总体分析 ··· 115

　　二、功能实现 ··· 116

　任务小结 ··· 120

　课后习题 ··· 120

任务七　竞赛评分程序 ·· 126

　学习目标 ··· 126

　任务简介 ··· 126

　任务分析 ··· 126

　支撑知识 ··· 127

　　一、指针与指针变量的概念 ··· 127

　　二、指针与数组 ··· 132

　　三、指针与字符串 ··· 140

　　四、指针与函数 ··· 143

　　五、指针数组和二级指针 ··· 147

　任务实施 ··· 150

　　一、总体分析 ··· 151

　　二、功能实现 ··· 151

　任务小结 ··· 155

　课后习题 ··· 155

任务八　学生成绩管理程序 ·· 158

　学习目标 ··· 158

　任务简介 ··· 158

　任务分析 ··· 158

支撑知识 ·· 159

  一、结构体 ·· 159

  二、共用体 ·· 180

  三、枚举类型 ·· 182

  四、类型定义符 typedef ································· 184

任务实施 ·· 185

  一、总体分析 ·· 185

  二、系统总体设计 ·· 185

  三、功能实现 ·· 188

任务小结 ·· 198

课后习题 ·· 198

任务九　文件访问 ·· 202

学习目标 ·· 202

任务简介 ·· 202

任务分析 ·· 202

支撑知识 ·· 203

  一、文件的概述 ·· 203

  二、文件指针 ·· 204

  三、文件的打开与关闭 ····································· 204

  四、文件的访问 ·· 206

任务实施 ·· 216

  一、总体分析 ·· 216

  二、功能实现 ·· 216

任务小结 ·· 218

课后习题 ·· 219

附录一　常用字符与 ASCII 码对照表 ·········· 221

附录二　运算优先级及其结合性 ·················· 223

附录三　C 语言常用库函数 ························· 225

任 务 一

初识 C 语言程序

学习目标

【知识目标】

· 熟悉 C 语言的产生、发展和特点。
· 掌握 C 语言程序的结构及其上机步骤。
· 掌握 C 语言的集成开发环境。
· 理解程序算法基础和软件编程规范。

【能力目标】

· 能够用 C 语言表达式表达实际问题。
· 模仿编写解决简单应用问题的程序。
· 能够初步对 C 语言程序进行调试。

【重点、难点】

· 掌握 C 语言程序算法及编程规范要求。

任务简介

本任务将开发一个简单的 C 语言程序，在控制台显示"书山有路勤为径，学海无涯苦作舟"的诗句。通过这个例子，将熟悉 C 语言的特点和 C 语言的开发环境；掌握 C 语言程序的基本构成及其编写、编译、连接和运行过程。

任务分析

本任务具有如下特性：

首先介绍了 C 语言的特点，其次介绍了 C 语言常用的一种编译环境 VC++ 6.0 的安装，并以一个最简单的 C 语言程序说明该环境使用方法。为了今后编写更复杂的 C 语言程序，需要读者知道程序设计规范和算法、数据结构等知识。

支撑知识

C 语言是目前较为流行的一种结构化的计算机程序设计语言，它既具有高级语言的功能,又具有机器语言的一些特性,是目前高职计算机类专业开设的第一门程序语言类课程。当我们了解并要实现简单 C 程序时,还需先学习以下一些支撑知识。

- C 语言的特点。
- C 语言的结构组成。
- C 程序在集成开发环境中编写、编译、连接和运行的步骤。
- C 语言的程序设计规范。

要想彻底理解简单 C 程序的构成及编译环境,还需了解 C 语言的发展、特点、构成等相关知识。

一、C 语言的特点

1. 程序设计语言概述

程序是为解决某一问题而编写的一组有序指令的集合。通常,将解决一个实际问题的具体操作步骤用某种程序设计语言描述出来,就形成了程序。计算机程序设计语言大概可以分为机器语言、汇编语言和高级语言三类。

1) 机器语言

机器语言是计算机硬件系统可识别的二进制指令构成的程序设计语言。机器语言是面向机器的语言,与特定的计算机硬件设计密切相关。机器语言因机器而不同,可移植性差。它的优点是机器能够直接识别,执行速度快。其缺点是程序员不容易记忆、书写,而且编程困难,可读性差且容易出错。于是便产生了汇编语言。

2) 汇编语言

汇编语言是一种用助记符号代表等价的二进制机器指令的程序设计语言。该语言是一种直接面向计算机所有硬件的低级语言,但是计算机不能直接执行汇编语言程序,必须将汇编程序翻译成机器语言程序后才能在计算机上执行。从机器语言到汇编语言是计算机语言发展史上一次里程碑式的跨跃。

3) 高级语言

高级语言是一种用接近自然语言和数学语言的语法、符号描述基本操作的程序设计语言。该语言符合人类的逻辑思维,简单易学。目前常见的高级语言有 C、C++、Java、C♯、Python 等。用高级语言编写的源程序通常称为"源程序",由二进制的 0、1 代码构成的程序称为"目标程序"。对于用高级语言编写的程序,计算机同样不能直接执行,需要将其翻译转换成机器语言目标程序后才能执行。例如,用 C 语言编写的程序代码,必须先经过 C 语言编译系统将其翻译成目标程序,再连接系统支持的目标文件或其他 C 目标文件,在生成可执行文件后才能执行。

2. C 语言的产生与发展

C 语言是一种面向过程的程序设计语言。它既具有高级语言的功能,又具有机器语言的一些特性。C 语言的发展颇为有趣。其前身是 ALGOL 60 语言(也称为 A 语言)。1963年,英国的剑桥大学和伦敦大学将 ALGOL 60 语言发展成为 CPL(Combined Programming Language)语言。1967 年,剑桥大学的 Matin Richards 对 CPL 语言进行了简化,于是产生了 BCPL 语言;1970 年,美国贝尔实验室的 Ken Thompson 将 BCPL 语言进行了修改,并为它起了一个有趣的名字"B 语言"。并且他用 B 语言写了第一个 UNIX 操作系统。而在 1973 年，美国贝尔实验室的 D. M. Ritchie 在 B 语言的基础上最终设计出了一种新的语言，他取了 BCPL 的第二个字母作为这种语言的名字，这就是 C 语言。为了使 UNIX 操作系统可以广泛推广，1977 年 D. M. Ritchie 发表了不依赖于具体机器系统的 C 语言编译文本《可移植的 C 语言编译程序》。1978 年 B. W. Kernighan 和 D. M. Ritchie 出版了名著《The C Programming Language》，从而使 C 语言成为目前世界上流行最广泛的高级程序设计语言。

1988 年，随着微型计算机的日益普及，出现了许多 C 语言版本。由于没有统一的标准，使得这些 C 语言之间出现了一些不一致的地方。为了改变这种情况，美国国家标准研究所(ANSI)为 C 语言制定了一套 ANSI 标准，这个标准不断完善，之后开始实施 ANSI 的标准 C。C 语言发展迅速，而且成为最受欢迎的语言之一，主要是因为它具有强大的功能。许多著名的系统软件，如 DBASE Ⅲ PLUS、DBASE Ⅳ 都是用 C 语言编写的。用 C 语言加上一些汇编语言子程序的方法，就更能显示 C 语言的优势了，如 PC-DOS、WORDSTAR 等就是用这种方法编写的。

由于 C 语言的强大功能和各方面的优点逐渐被人们认识，到 20 世纪 80 年代，C 语言开始进入其他操作系统，并很快在各类大、中、小型计算机上得到了广泛的使用，成为当今最优秀的程序设计语言之一。

目前，在计算机上广泛使用的 C 语言编译系统有 Microsoft C、Turbo C、Borland C、Visual C++ 6.0 等。为了满足读者学习和参加全国计算机等级考试等多方面的需求，本书选定的上机环境为 Visual C++ 6.0 集成开发环境，并且在后续内容中对该环境的使用做了具体介绍。

3. 认识 C 语言特点

在了解程序设计和 C 语言的发展历史之后，就可以熟悉 C 语言作为程序设计语言的特点。C 语言经久不衰并不断发展，主要是由于它具有以下几个典型特点：

(1) C 语言为结构化程序设计语言，具有丰富的数据类型、较多的运算符，这使得程序员能够轻松地实现各种复杂的数据结构和运算。C 语言具有结构化的控制语句，这种结构化方式可使程序层次清晰，便于使用、维护和调试。C 语言是以函数形式提供给用户的，这些函数可方便地调用，并具有多种循环、条件语句，可控制程序流向，从而使程序完全结构化。

(2) C 语言简洁、紧凑，使用方便、灵活。其一共有 32 个关键字，程序书写形式自由，主要用小写字母表示，编译后生成的目标代码质量高，程序运行速度快。

(3) C 语言同时具备了低级语言和高级语言的特点。C 语言可以像汇编语言一样对位、字节和地址进行操作，这三者是计算机最基本的工作单元。另外，它把高级语言的基本结构和语句与低级语言的实用性相结合。换言之，C 语言既具有汇编语言的强大功能，又没有汇编语言的难度，特别适合做底层开发。即 C 语言既可以用来设计芯片，又可以用来编写操作系统。

(4) C 语言具有强大的图形功能，支持多种显示器和驱动器，而且计算功能和逻辑判断功能也比较强，可以实现决策目的。

(5) C 语言适用范围广。C 语言的一个突出优点就是适合于多种操作系统，如 DOS、UNIX，也适用于多种机型。

C 语言程序可在多种操作系统的环境下运行，从普通的 C 到面向对象的 C++(它的变种为 Java)以及可视 C(Visual C)都是针对软件开发要求而产生和发展的。虽然这个发展仍在继续，但 C 语言的基本功能不会变，所以在学习了 C 语言之后再学习 C++、Java、Visual C++就很容易了。

二、C语言的结构组成

1. C 语言程序的结构

用 C 语言编写的源程序，简称 C 程序。C 程序是一种函数结构，一般由一个或若干个函数组成，其中有且仅有一个名为 main()的主函数，程序的入口执行就是从这个函数开始并结束于这个函数。例如，在屏幕上输出一行文本信息"Hello World!"。程序如下：

```
# include "stdio. h"          /* 预编译命令 */
void main()                    /* 主函数，函数名为 main() */
{                              /* 函数体开始 */
    printf(" * * * * * * * * \n");    /* 在屏幕输出 * * * * * * * *，语句执行部分 */
    printf("Hello World ! \n");       /* 在屏幕输出 Hello World !，语句执行部分 */
    printf(" * * * * * * * * \n");    /* 在屏幕输出 * * * * * * * *，语句执行部分 */
}                              /* 函数结束 */
```

说明：

(1) 预编译处理命令 # include 将"stdio. h"文件包含到用户源文件中，stdio. h 包含了与标准 I/O 库有关的变量定义和宏定义。在用到标准 I/O 库中的函数时，应在程序前使用上述预编译命令。

(2) 每一个 C 程序有且仅有一个 main()函数(可简写为 main 函数)。函数体由大括号{ }括起来。void 表示该函数无返回值。

(3) 函数体，即函数名下面的花括号{…}内的部分。

(4) 函数体一般包括两部分：变量的定义部分和程序执行部分，而且变量定义在前，程序执行在后。

(5) C 程序是由函数构成的。一个 C 程序至少包含一个主函数，除主函数之外，也可以包含一个或者多个其他函数。因此，函数是 C 程序的基本组成单位。

(6) 一个 C 程序总是从 main()函数开始执行的，而不论 main()函数在这个程序中出现的先后位置。

(7) C 程序书写格式自由，一行可以写多条 C 语句，也可以将一条 C 语句写在多行上。

(8) C 语句和数据定义语句后面必须有一个分号，分号是 C 语句的必要组成部分。

(9) C 语言本身没有输入、输出语句。输入和输出的操作分别是由库函数 scanf( )和 printf( )函数等来完成的。有关输入、输出函数将在任务二中详细介绍。

(10) 位于/ * … */之间的内容是注释语句，其作用是帮助读者阅读程序语句，注释语句不参与编译和运行，而且注释语句可以写在程序的任意位置。

(11) C 语言是区分大小写的。一般情况下只有常量是大写，变量和其他程序代码的英文字母都是小写，以增加程序的可读性。

2. C 程序的开发过程

C 语言程序是高级语言，需要经过编辑、编译、连接和运行四个步骤。

1）编辑

编辑是指在文本编辑器或者在 C 语言编译系统下输入和修改源程序。C 语言源程序最后以文本文件的形式存放在磁盘上，文件名由用户来定义，扩展名一般为 .c，如 hello.c、me.c。

2）编译

编译是指将编辑后的 C 语言源程序文件翻译成二进制目标代码的过程。编译时，首先检查源程序中的语法错误，编译系统会给出相关的错误提示信息，包括错误的类型和源程序中出现错误的位置，此时程序员需要回到编辑阶段进行修改，然后再进行编译。可能如此反复进行几轮"编辑－编译"，直到编译没有任何错误为止，才将源程序翻译成目标程序。文件名与源程序的文件名相同，扩展名为 .obj，例如，me.c 编译后生成的目标文件为 me.obj。

3）连接

连接是指将编译后的目标程序和程序中用到的库函数或其他目标程序相互连接成一个可执行的目标程序文件。可执行的主文件名和源程序的主文件名相同，其扩展名为 .exe。

4）运行

连接后生成的可执行文件装入内存即可运行，并输出程序的结果。在很多公用环境，如 MS-DOS、UNIX 和 LINUX 操作平台中，只要键入可执行文件名即可运行一个程序。在 Windows 环境下可以通过选择菜单中的选项或按下特殊键来编译并执行 C 程序。所产生的程序还可以双击文件名或图标直接在操作系统上运行。

如果在运行程序的过程中得不到预期结果，就需要重复进行编辑、编译、连接和运行这四个步骤，直到得出正确结果为止。me.c 程序的流程图和各阶段不同类型文件的区别分别如图 1.1 和表 1.1 所示。

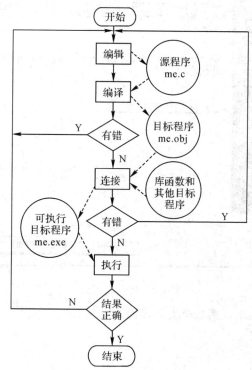

图 1.1　me.c 程序的流程图

表 1.1　不同类型文件的区别

	源程序	目标程序	可执行程序
内容	程序设计语言	机器语言	机器语言
可执行	不可以	不可以	可以
文件名后缀	.c	.obj	.exe

三、安装并使用 Visual C++ 6.0

在理解掌握 C 程序的开发过程后，我们将编写好的一个 C 程序通过键盘输入到相关 C 开发环境中。根据近几年 C 语言计算机等级考试和一些 C 程序的比赛环境要求，我们将使用 Visual C++ 6.0 集成开发环境来完成 C 程序的编辑、编译、连接和运行，本任务完成 Visual C++ 6.0 环境的安装和使用。

打开安装目录文件，双击安装文件，如图 1.2 所示。这是安装的第一个界面。

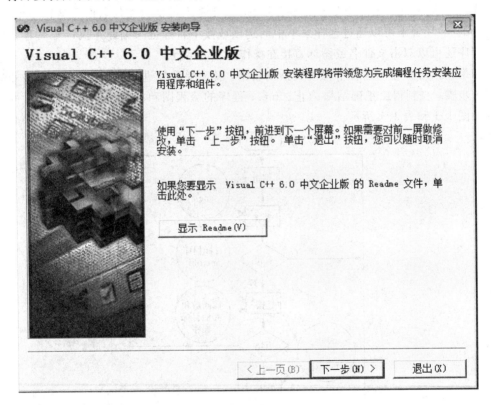

图 1.2　安装向导(1)

单击"下一步"按钮，出现第二个安装界面，如图 1.3 所示。

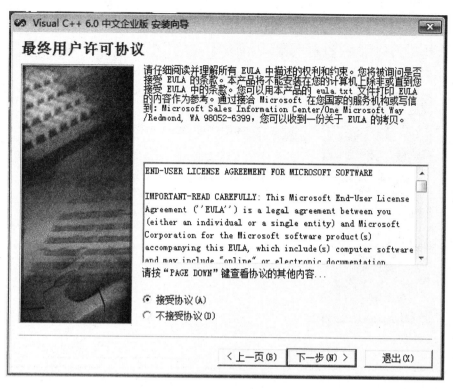

图 1.3 安装向导(2)

选择"接受协议"选项并点击"下一步"按钮,将会弹出产品号和序列号界面,如图 1.4 所示。

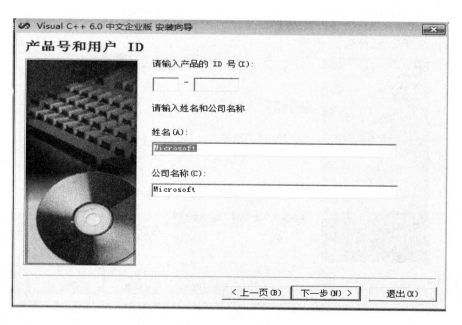

图 1.4 安装向导(3)

无需输入产品的 ID 号,直接点击"下一步"按钮,进入服务器安装程序选项界面,如图 1.5 所示。

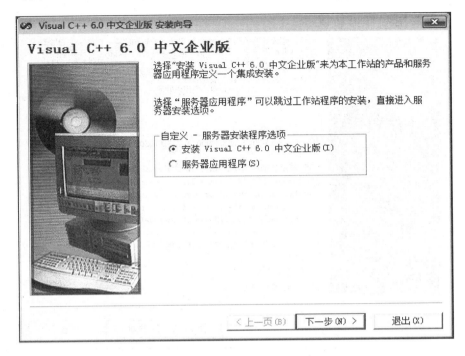

图 1.5　安装向导(4)

　　选择"安装 Visual C++ 6.0 中文企业版"选项并点击"下一步"按钮，进入安装路径选择界面，如图 1.6 所示。

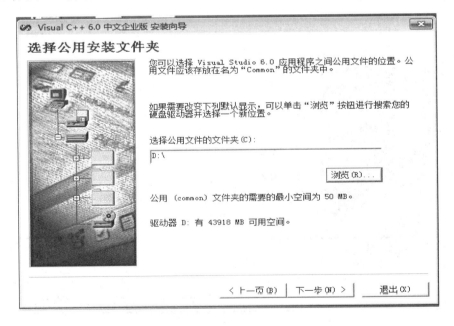

图 1.6　安装向导(5)

　　选择安装 Visual C++ 6.0 安装程序的路径后点击"下一步"按钮，进入安装进度界面，如图 1.7 所示。

图 1.7　安装向导(6)

安装过程中将会弹出产品的 ID 号，如图 1.8 所示。

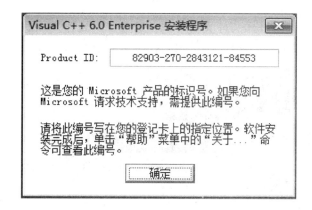

图 1.8　安装向导(7)

点击"确定"按钮，进入选择安装类型界面，如图 1.9 所示。

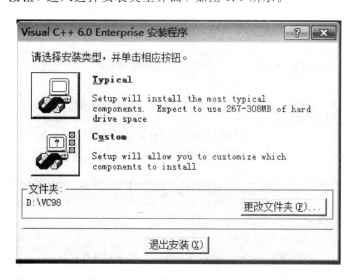

图 1.9　安装向导(8)

如果是第一次安装程序，则选择"Typical"选项，进入注册环境变量界面，根据实际情况可以不选"Register Environment Variable"这一复选项，如图 1.10 所示。

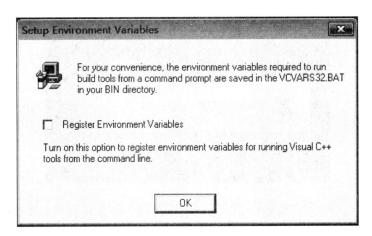

图 1.10　安装向导(9)

点击"OK"按钮，进入目标文件安装界面，安装完成后弹出重新启动计算机的提示信息，分别如图 1.11、图 1.12 所示。

图 1.11　安装向导(10)

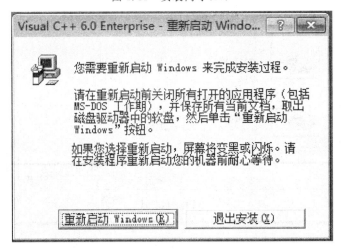

图 1.12　安装向导(11)

重启计算机之后，取消"安装 MSDN"复选项，单击"退出"按钮，如图 1.13 所示。

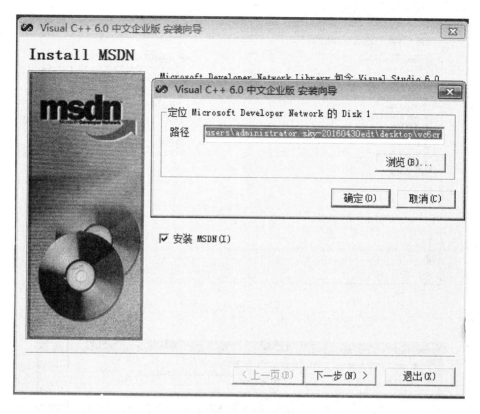

图 1.13 安装向导(12)

程序安装完毕,在计算机的"开始"菜单中,选择"所有程序"选项,在"Microsoft Visual C++ 6.0"目录中,选择"Microsoft Visual C++ 6.0"选项就可以运行程序了。也可以将这个图标发送到桌面作为快捷方式。

四、在 Visual C++ 6.0 中开发 C 程序

根据以上介绍完成安装 Visual C++ 6.0 后,即可开始编写、编译和运行 C 程序了。

1. 输入 C 语言源程序

(1) 在某磁盘上或桌面上新建文件夹(如 E:\Program),用来存放 C 语言源程序。

(2) 运行 Visual C++ 程序,选择"开始"→"程序"→"Microsoft Visual C++ 6.0"选项或直接双击桌面上 Visual C++ 6.0 的快捷图标。

(3) 新建 C 语言源程序文件,具体操作步骤如下:

① 选择"文件"→"新建"命令,打开"新建"对话框。

② 在"新建"对话框中,选择"文件"选项卡,再选择"C++ Source File"选项。

③ 确定文件保存位置"E:\Program",输入文件名"First",如图 1.14 所示。

(4) 输入 C 语言源程序文件,在打开的程序编辑窗口中,输入 C 语言源程序,如图 1.15 所示。

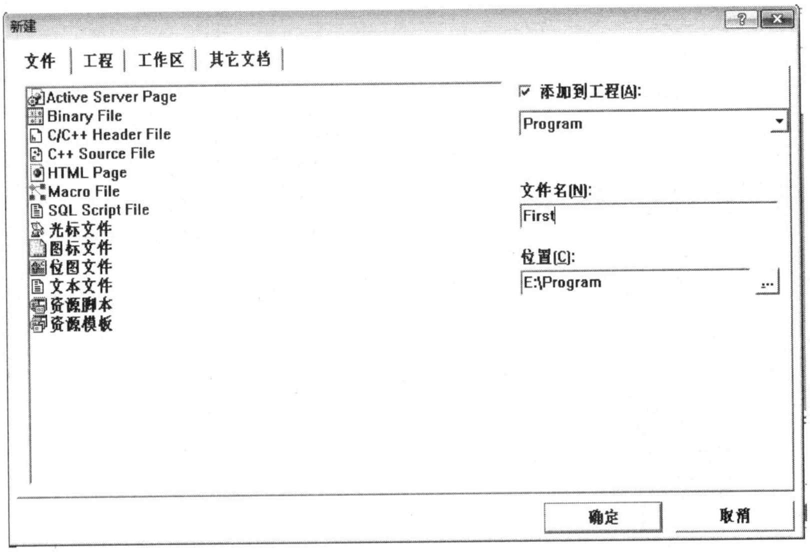

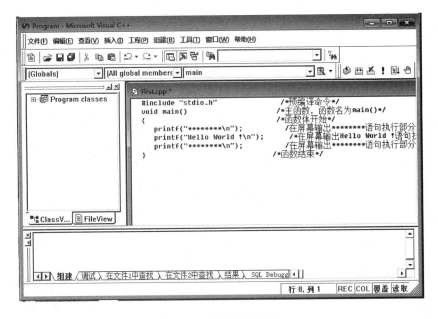

图 1.14 新建对话框

图 1.15 程序编辑窗口

2. 编译

执行"组建"→"编译"命令，或者点击工具栏上的"编译"按钮或按快捷键 Ctrl＋F7 执行
"编译"操作。

编译成功后，则生成 .obj 目标程序(First.obj，目标文件名与源文件名相同)，如图 1.
16 所示。编译结果显示在如图 1.17 所示的信息显示窗口中。

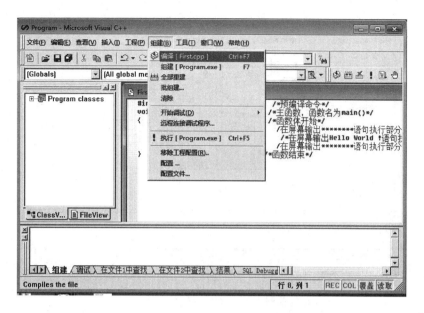

图 1.16 文件编译

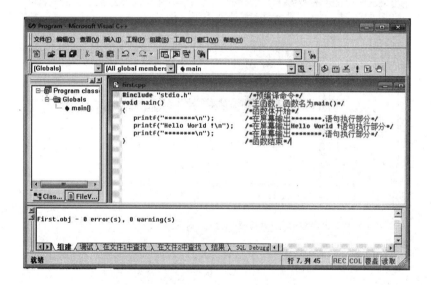

图 1.17 编译结果

3. 连接

执行"组建"→"组建"命令，或者点击工具栏上的"组建"按钮或按快捷键 F7 执行"连接"操作。

生成扩展名为 .exe 的可执行文件(First.exe，可执行文件名与源文件名相同)，如图 1.18 所示。

4. 执行

执行"组建"→"执行"命令，或者点击工具栏上的"执行"按钮或按快捷键 Ctrl＋F5 完成"执行"操作，如图 1.19 所示。

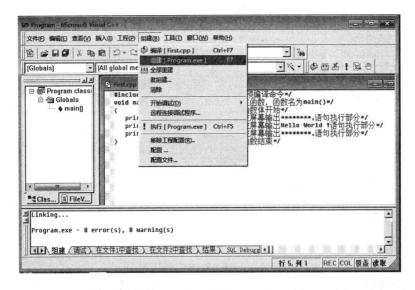

图 1.18　生成可执行文件

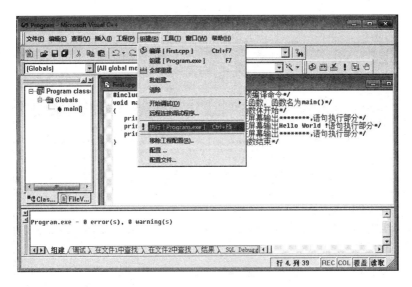

图 1.19　执行文件

五、程序算法基础

1. 程序与算法

人们做任何事情都有一定的方法和程序，如教师上课的教案、领导开会的议程、运动会的比赛项目单等都是程序。在程序的指导下人们可以有秩序、有效地完成每一项工作。随着计算机的问世与使用，"程序"逐渐被专业化。计算机中的程序通常是指为让计算机完成特定任务(如解决某一问题或控制某一过程)而设计的指令序列。

从程序设计的角度来看，每个问题都涉及两方面的内容——数据和操作。所谓"数据"，泛指计算机要处理的对象，包括数据的类型、数据的组织形式和数据之间的相互关系，这些又被称为"数据结构"；所谓"操作"，是指处理的方法和步骤，即算法。而编写程序所用的计算机语言称之为"程序设计语言"。

总而言之，一个程序应包括以下两方面的内容：

（1）对数据的描述，即数据结构。在程序中要指定数据的类型和数据的组织形式。

（2）对数据处理的描述，即算法。算法是解决某一个问题而采取的方法和步骤。

在实际情况中，一个程序除了算法和数据结构这两个重要因素之外，还应当采用程序设计方法进行程序设计，并且用某一种程序设计语言表示。因此，可以用以下公式表示：

$$算法＋数据结构＋程序设计方法＋语言工具和环境＝程序$$

2. 数据结构

计算机处理的对象是数据。数据是描述客观事物的数、字符及计算机能够接收和处理的信息符号的总称。数据结构是指数据的类型和数据的组织形式。数据类型体现了数据的取值范围和合法的运算，数据的组织形式体现了相关数据之间的关系。

六、程序设计规范

作为软件相关人员，编程高手区别于编程新手的重要标志之一就是能否规范地编写程序。所编写的程序代码应结构清晰，简单易懂。对于初学的人来说，要忌讳编写的程序复杂、不大众化。对于一个合格的程序员而言，所编写的程序能够被同行读懂。如果想成为软件行业的专业人员，需要在编程规范的学习方面花费较多的时间和精力。

按照规范编写程序可以帮助程序员写出高质量的程序代码。软件编程规范涉及程序的组织规则、运行效果和质量保证、错误和异常处理规范、有关函数定义和调用的原则等。

1. 基本要求

程序的基本要求为：程序简单易懂、结构清晰，一个函数的程序行数一般不超过 100 行；打算做什么，应简明扼要，避免垃圾程序；尽量使用标准库函数和公共函数；不要随便定义全局变量，应尽量使用局部变量；适当情况使用括号避免二义性。

2. 可读性要求

可读性要求为：可读性第一，效率第二；保持注释与代码完全一致；利用缩进来体现程序的逻辑结构，缩进量一致并以 Tab 键或空格键为单位；循环、选择结构嵌套一般不超过五层；空行和空白字符也是一种特殊注释；注释的作用范围可以为定义、引用、条件分支以及一段代码。

简单 C 程序实例如下：

```c
#include <stdio.h>
main()
{
    char c;
    c=getchar();
    putchar(c);
}
```

任务实施

通过前面讲解的 C 语言特点、结构形式、使用的环境和基本语法知识，已经具备了利用 C 语言编写代码在界面上显示"书山有路勤为径，血海无涯苦作舟"的诗句，并将正确的程序进行保存。

一、总体分析

根据前面列举的简单 C 程序实例，我们采用标准库函数中的输出语句 printf()，将古诗句输出显示。

二、功能实现

1. 编码实现

```
#include<stdio.h>
main()
{
    printf("* * * * * * * * * * * * * * * * * * * * * * * * * * * \n");
    printf("书山有路勤为径，学海无涯苦作舟\n");
    printf("* * * * * * * * * * * * * * * * * * * * * * * * * * * \n");
    printf("                    ——韩愈\n");
}
```

2. 运行调试

运行调试结果如图 1.20 所示。

图 1.20　运行调试结果

【想一想】　任务中要求输出显示的内容，能否采用更简单的 C 语言代码来实现呢？

 任务小结

通过本任务的学习，我们学习了 C 语言的发展历史、特点及 C 程序的基本构成部分。此外还学习了 C 程序的上机操作步骤和 C 语言常用的编译环境 Visual C++ 6.0 的安装及使用，最后我们还学习了 C 程序代码的书写规范及算法和数据结构方面的知识。

 课后习题

一、选择题

1. 以下叙述中不是 C 语言的特点是(　　　)。

A. 简洁、紧凑、使用方便、灵活，易于学习和应用

B. C 语言是面向对象的程序设计语言

C. C 语言允许直接对位、字节和地址进行操作

D. C 语言数据类型丰富，生成的目标代码质量高

2. 所有 C 函数的结构都包括的三个部分是（　　）。

A. 语句、花括号和函数体　　　　　B. 函数名、语句和函数体

C. 函数名、形式参数和函数体　　　D. 形式参数、语句和函数体

3. C 语言中主函数的个数是（　　）。

A. 2 个　　　　　　B. 1 个　　　　　　C. 任意个　　　　　D. 10 个

4. （　　）是 C 程序的基本构成单位。

A. 函数　　　　　B. 函数和过程　　　C. 超文本过程　　　D. 子过程

5. C 语言程序中，每个语句和数据定义时用（　　）结束。

A. 句号　　　　　B. 逗号　　　　　C. 分号　　　　　D. 括号

6. 下面说法正确的是（　　）。

A. 在执行 C 语言程序时不是从 void main() 函数开始的

B. C 语言程序书写格式严格限制，一行内必须写一个语句

C. C 语言程序书写格式自由，一个语句可以分写在多行

D. C 语言程序书写格式严格限制，一行内必须写一个语句，并要有行号

7. 下列叙述中错误的是（　　）。

A. 计算机不能直接执行用 C 语言编写的源文件

B. C 语言程序经 C 编译程序编译后，生成扩展名为 .obj 的文件，是一个二进制文件

C. 扩展名为 .obj 的文件，经连接程序生成扩展名为 .exe 的文件，是一个二进制文件

D. 扩展名为 .obj 和 .exe 的二进制文件都可以直接运行

8. C 语言源程序的扩展名是（　　）。

A. .exe　　　　　B. .c　　　　　C. .obj　　　　　D. .cp

9. 下列关于 C 语言注释的叙述中错误的是（　　）。

A. 以"/ * "开头并以" * /"结尾的字符串为 C 语言的注释符

B. 注释可以出现在程序中的任何位置，用来向用户提示或解释程序的意义

C. 程序编译时，不对注释做任何处理

D. 程序编译时，需要对注释进行处理

10. C 语言的函数体由（　　）括起来。

A. < >　　　　　B. ( )　　　　　C. [ ]　　　　　D. { }

11. C 语言规定：主函数名必须用（　　）作为函数名。

A. function　　　　B. include　　　　C. void main　　　D. stdio

12. 下列不是 C 语言的分隔符的是（　　）。

A. 逗号　　　　　B. 空格　　　　　C. 制表符　　　　D. 双引号

二、填空题

1. 一个 C 程序至少包含一个＿＿＿＿＿，即＿＿＿＿＿。

2. 一个函数体一般包括＿＿＿＿＿和＿＿＿＿＿。

3. 主函数名后面的一对圆括号中可以为空，但是这对圆括号不能_____。

4. C 程序注释由_____和_____组成。

5. 开发一个 C 程序要经过编辑、编译、_____和运行四个步骤。

6. 用 C 语言编写的程序，不能被计算机直接识别和执行，需要一种担任翻译工作的程序，称为_____。

7. C 语言的基本单位是_____。

8. 组成函数的基本单位是_____。

9. C 语言的语句按在程序中所起的作用可分为_____和_____两大类。

10. C 语言中源程序文件的扩展名是_____，经过编译后，生成文件的扩展名是____，经过连接后，生成文件的扩展名是_____。

三、编程题

1. 编写一个 C 程序，输出以下图案：

```
        *
   *    S    *
        *
```

2. 试编写一个 C 程序，输出如下信息：

```
* * * * * * * * * * * * * * * * * * * *
Very good!!
- - - - - - - - - - - - - - -
```

3. 试编写一个 C 程序，输出如下信息：

```
你好，C 语言！
```

4. 修改第 3 题，在输出信息最后输入两个"\n"，观察程序的运行结果。

5. 编写一个 C 程序，使用多个 printf 语句将第 3 题信息显示在两行上。

6. 编写一个 C 程序，输出以下信息：

```
    * * * * * * *
   * * * * * * *
  * * * * * * *
 * * * * * * *
```

任务 二

设计简单的计算器

 学习目标

【知识目标】

- 知道 C 语言中各种数据类型。
- 掌握标识符、常量和变量的含义及其命名规则。
- 掌握各种运算符的运算规则、优先级别及结合方向。
- 了解顺序结构的概念及执行流程。
- 掌握数据的输入、输出操作。

【能力目标】

- 能够使用流程图描述算法。
- 能够使用 C 语言表达式表达实际问题。
- 能够使用 C 语言进行顺序结构程序设计。

【重点、难点】

- 领会各种表达式的值及计算过程。

 任务简介

在日常生活中，人们经常用到计算器。Windows 操作系统提供了一个图形界面的计算器供用户使用。本任务将用 C 语言开发一个简单的字符界面的计算器，能够实现两个数的加、减、乘、除等简单运算。

 任务分析

本任务具有如下特性：

简单的计算器在实现两个数的加、减、乘、除运算时，涉及六个数据对象：操作数 1、操作数 2 和四个结果值，其中，操作数 1 和操作数 2 的值程序需要提供人机交互的途径，以便用户输入数据，处理完输入数据之后，在屏幕上分别显示两个操作数的和、差、乘积、商，即输出结果。

 支撑知识

熟悉简单的计算器的功能后，需要先学习以下一些支撑知识。

- 变量标识符。
- 基本数据类型。
- 输入、输出函数。
- 运算符和表达式。

在用简单的计算器实现两个数的四则运算时，为了很好区分涉及的六个数据对象，必须要对它们进行命名。以下是确定使用合适的标识符对象并进行命名的知识。

一、变量与常量

1. 命名数据对象

在程序中使用标识符来命名数据对象，为了保存数据对象的信息，将数据对象的值存放在变量中。简单计算器中涉及的变量名如下：

```
oper1        /*操作数1*/
oper2        /*操作数2*/
sum          /*和*/
sub          /*差*/
mul          /*乘积*/
div          /*商*/
```

2. 标识符

标识符是由程序员按照命名规则自己定义的词法符号，用于定义函数名、变量名、数组名和文件名的有效字符序列。在 C 语言中，标识符的命名规则如下：

（1）标识符只能由字母、数字和下划线三种字符构成。

（2）标识符的第一个字符必须是字母或下划线。

（3）标识符区分大小写，如 you、You 和 YOU 是三个不同的标识符。

（4）标识符不能与 C 语言中的任何关键字相同。

例如，count、student113、_sum1、intx、form1 都是合法的标识符，而 9count、hi!、screen*、b-water 都是非法的标识符。

由系统预先定义的标识符称为"关键字"，它们都有特殊的含义，不能用在其他方面。C 语言的关键字共有 32 个，如表 2.1 所示。

表 2.1　C 语言的关键字

auto	const	double	float	int	signed	struct	unsigned
break	continue	else	for	long	sizeof	switch	void
case	default	enum	goto	register	static	typedef	volatile
char	do	extern	if	short	return	union	while

3. 变量

变量是指在程序运行过程中，其值可以改变的量。一个变量应该有一个名字，在内存中占据一定的存储单元，在该存储单元中存储变量的值。应区分变量名和变量值是两个不同的概念。变量名实际上是一个以一个名字代表相应的地址。在对程序编译连接时，由编译系统给每一个变量名分配对应的内存地址。从变量中取值，实际上是通过变量名找到相应的内存地址，从该存储单元中读取数据。

程序中出现的变量由用户按标识符的规则命名，为提高程序的可读性，变量名应尽量取得有意义达到"见名知义"的效果。C 语言规定：程序中所使用的每一个变量在使用之前都要进行类型定义，即"先定义，后使用"。因为不同类型的数据在内存中的存储长度不同，取值范围不同，所允许的操作也不同。

变量在定义的同时也可以对其初始化值，具体格式如下：

数据类型 变量名[＝初始值]；

如果多个变量的数据类型相同，可以采用如下格式进行定义：

数据类型 变量名1[＝初始值1]，变量名2[＝初始值2]，…，变量名n[初始值n]；

说明：

(1) 变量定义格式中的方括号代表可省略项。

(2) 使用变量时需注意变量的三要素：数据类型、变量名和当前值。

(3) 变量在保存了数据后还可以重新赋值，重新赋值后，新数据就取代了原来的数据。

(4) C 语言中区分大小写，一般变量名用小写。

4. 常量

在程序运行过程中，其值不能被改变的量称为常量。在 C 语言中，按表现形态将常量分为普通常量和符号常量。普通常量就是用数值表示的常量，符号常量是用一个标识符来表示的常量。无论哪种常量都有其对应的数据类型。

1）普通常量

普通常量按数据类型分为三类：数值常量、字符型常量和字符串常量。例如：

(1) 4、232、027、0x15 表示不同进制类型的整型常量。

(2) 3.14、－0.26、3.14159e2、123E3 表示不同形式的实型常量。

(3) 'A'、'f'、'\n'、'\101' 表示字符型常量。其中，' ' 是定界符，'\n'、'\101' 是转义字符。

(4) "hello"、"你好" 表示字符串常量。其中，""为定界符，它不属于字符串中的字符，即双引号之间的字符个数才是字符串的长度。但是，字符串在内存中占用的存储字节数要比字符串长度多1，因为 C 语言中规定在字符串尾部加上一个转义字符'\0'（空字符）作为系统判断字符串是否结束的标记。例如，"china"字符串的存储形式如图2.1所示。

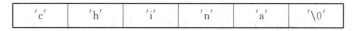

| 'c' | 'h' | 'i' | 'n' | 'a' | '\0' |

图 2.1 字符串的存储形式

关于转义字符有以下四种形式：

(1) 以反斜杠"\"开头后跟一个规定的字母，代表一个控制字符。

(2) "\\"代表反斜杠字符"\"，"\'"代表单撇号字符"'"。

（3）以反斜杠开头后跟 1～3 位八进制数代表 ASCII 码值为八进制数的字符。

（4）以反斜杠和小写字母 x 开头，即以"\x"开头，后跟 1～2 位十六进制数代表 ASCII 码值为该十六进制数的字符。转义字符及含义如表 2.2 所示。

表 2.2　转义字符及含义

字符形式	含　义	字符形式	含　义
\n	换行	\\	反斜杠
\b	退格	\'	单引号
\r	回车	\"	双引号
\t	横向制表	\ooo	八进制数
\f	换页	\xhh	十六进制数
\v	纵向制表		

2）符号常量

C 语言中除上述的普通常量外，还有一种用标识符代表的常量，称为符号常量。符号常量是用"宏定义"方式表示某个常量。其定义格式如下：

　　♯define 符号常量 常量

例如：

　　♯define PI 3.14159

上述宏定义属于 C 提供的三种预处理功能的其中一种，另外还包括文件包含和条件编译，这是 C 语言与其他高级语言的一个重要区别，C 提供的预处理命令主要有以下三种：

（1）宏定义：♯define。

（2）文件包含：♯include。

（3）条件编译：♯if…♯else…♯endif。

预处理命令是以♯开头的代码行。♯必须是该行除了任何空白字符外的第一个字符。♯后是指令关键字，在关键字和♯之间允许存在任意个数的空白字符。整行语句构成了一条预处理指令，该指令将在编译器进行编译之前对源代码做某些转换。下面是部分预处理指令：

（1）♯define：宏定义。其一般形式为：

　　♯define 标识符　字符串

这个标识符称为宏名，在预编译时将宏名替换成字符串的过程称为"宏展开"，define 是宏定义命令。

（2）♯include：文件包含处理。该功能是指一个源文件可以将另外一个源文件的全部内容包含进来。其一般形式为：

　　♯include "文件名"或 ♯include＜文件名＞

（3）♯if：如果给定条件为真，则编译下面代码；♯elif：如果前♯if 条件不为真，当前条件为真，则编译下面代码，其实就是 else if 的简写；♯endif：结束一个♯if…♯else 条件编译块；♯error：停止编译并显示错误信息。

二、基本数据类型

1. 定义变量

前面讲述到设计并实现一个简单计算器中确定了变量名，除此之外，还需要确定变量数据类型，即定义变量。由于设计的简单计算器中处理的是整数和实数，因此下面将简单计算器中的变量分别定义为整型（int 型）和实型（double 型）数据：

```
int oper1          / * 操作数 1 * /
int oper2          / * 操作数 2 * /
int sum            / * 和 * /
int sub            / * 差 * /
int mul            / * 乘积 * /
double div         / * 商 * /
```

2. 整型变量

C 语言提供了多种整数类型数据，整型的基本类型符为 int，在 int 之前可以根据实际情况分别加上修饰符 short（短整型）或 long（长整型），上述类型又可以分为有符号型（signed）和无符号型（unsigned），即数值是否可以取负值，其中经常用到的是整型和长整型这两种数据类型。各种整数类型所占用的内存空间大小不同，所存储的数的取值范围也不相同，如表 2.3 所示。

表 2.3　整型数据的存储长度和取值范围

类　型	类型说明符	长　度	取值范围
基本型	int	2 字节	$-32\ 768 \sim 32\ 767$
短整型	short	2 字节	$-2^{15} \sim 2^{15} - 1$
长整型	long	4 字节	$-2^{31} \sim 2^{31} - 1$
无符号整型	unsigned	2 字节	$0 \sim 65\ 535$
无符号短整型	unsigned short	2 字节	$0 \sim 65\ 535$
无符号长整型	unsigned long	4 字节	$0 \sim (2^{32} - 1)$

说明：具体数据存储时在内存中所占字节数与实际使用的机器和系统有关，与具体的编译器也有关系。在编写程序时，可以用函数 sizeof()求出使用环境中各种数据类型所占的字节数。

3. 实型变量

实型变量的类型主要包括单精度实型和双精度实型两种，它们的类型标识符分别是 float（单精度实型）和 double（双精度实型）。实型变量都有符号，实型数据的存储长度和取值范围如表 2.4 所示。

表 2.4 实型数据的存储长度和取值范围

类　型	位　数	取值范围	有效数字
float	32	$10^{-37} \sim 10^{38}$	6～7 位
double	64	$10^{-307} \sim 10^{308}$	15～16 位
long double	128	$10^{-4931} \sim 10^{4932}$	18～19 位

例如，float x，y；/ * 定义了两个单精度实型变量 x 和 y * /。

4. 字符型变量

字符数据类型由 char 关键字定义，字符型变量用来存放字符，而且一个变量中只能存储一个字符。字符型变量的定义形式如下：

```
char c1，c2；
c1='m'；c2='n'；
```

以上第一条语句定义两个字符类型的变量，变量名分别是 c1 和 c2；第二条语句表示对定义的两个字符类型变量进行赋初值分别为字符 m 和字符 n。也可以在定义的同时给两个变量赋初值，具体格式如下：

```
char c1='m'，c2='n'；
```

说明：整型和实型变量也可以采用上述方式定义并赋初值。

字符型数据在内存中占 1 个字节，以其相应的 ASCII 码值的 8 位二进制数（补码）形式存放，char 型数据的取值范围是 -128～127，unsigned char 型数据的取值范围是 0～255，每一个数值对应一个字符。

字符型数据可以按照整型数据处理，即像整数一样可以参加运算并按整数形式输出，在 ASCII 码范围内的整数也可以按字符型数据来处理，按字符形式输出，即字符型数据与整型数据具有通用性。

例 2-1 将大写字母转换为小写字母。

代码如下：

```
#include <stdio.h>
main()
{
    char ch，low；
    printf("请输入一个大写字母：\n")；
    scanf("%c"，&ch)；
    low=ch+32；
    printf("大写字母%c转换为小写字母是%c\n"，ch，low)；
}
```

三、输入、输出函数

1. 输入操作数和输出提示信息

在 C 语言中，其本身不提供输入和输出语句，输入和输出操作都是由函数来实现的。在 C 语言的标准库函数中提供了一些有关输入和输出的函数，如输入函数 getchar()和

scanf()、输出函数 putchar()和 printf()。前面确定了一组变量及数据类型，接下来的任务是实现操作数 1 和操作数 2 的值的输入，并保存到相应的变量中：

```
printf("请输入第一个操作数:\n");        /* 提示输入变量值的语句 */
scanf("%d", &oper1);                    /* 输入第一个变量的值 */
printf("请输入第二个操作数:\n");        /* 提示输入变量值的语句 */
scanf("%d", &oper2);                    /* 输入第一个变量的值 */
```

2. 输出函数

C 语言中的输出函数包括 putchar()函数和 printf()函数。

1）putchar()函数

putchar()函数的功能是向终端输出一个字符。

调用格式如下：

```
putchar(c);
```

说明：输出字符变量 c 的值。c 可以是字符型变量或整型变量或字符常量，也可以是一个转义字符。而且该函数只能用于单个字符的输出，并且一次只能输出一个字符。

在使用标准 I/O 库函数时，要用预编译命令"include"将"stdio.h"文件包含到用户源文件中。其中，stdio.h 是 standard input & output 的缩写，它包含了与标准 I/O 库有关的变量定义和宏定义。当需要使用标准 I/O 库中的函数时，应在程序前使用上述预编译命令，但在后续介绍到使用 printf()函数和 scanf()函数时，则可以省略。

例 2-2　判断下面程序输出结果。

代码如下：

```
#include <stdio.h>
main()
{
  char a, b, c, d;
  a='g'; b='o'; c=111; d='d';
  putchar(a);putchar(b);putchar(c);putchar(d); d=d-32;putchar(d);
}
```

该程序段的运行结果为：

```
goodD
```

2）printf()函数

printf()函数的功能是向终端按格式控制字符串中对应的格式输出若干个指定类型的数据。一般格式如下：

```
printf(格式控制,输出列表);
```

说明：格式控制字符串是用双引号括起来的字符串，它包含信息格式字符(如%d、%f、%c 等，如表 2.5 所示)和普通字符(原样输出的字符)两部分。例如：

```
printf("a=%d\n", a);
```

其中，格式控制字符串"a=%d\n"中的 a=是普通字符，%d 是格式说明符，\n 是转义字符。

输出列表由输出项构成，两个输出项之间用逗号分隔，输出项可以是常量、变量、表达式等。需要注意的是，输出项的个数要与格式说明符的个数相同并一一对应。例如：

```
int a=1, b=3, c=5;
printf("%d, %d, %d\n", a, b, c);
```

输出结果为：

```
1, 3, 5
```

有关 printf()函数格式控制符的说明如表 2.5 所示。

表 2.5　输出数据的格式字符

格式字符	说　　明
%d，%i	按带符号的十进制形式输出整数值(正数不输出符号)
%md	按照 m 指定的字段宽度输出整数值
%ld	按照长整型格式输出整数值
%o，%lo	按照八进制无符号形式输出整数值(不输出前导符 0)
%X，%x，%lx	按照十六进制无符号形式输出整数值(不输出前导符 0x)，用 x 则输出十六进制的 a 至 f 时以小写形式输出，用 X 时，则以大写形式输出
%u，%lu	按照 unsigned 型十进制形式输出整数值
%c	输出单个字符
%s	输出一个字符串
%f，%lf	按照小数形式输出单、双精度数，隐含 6 位小数
%m.nf	按照指定数据占 m 列，其中有 n 位小数。如果数值长度小于 m，左端补空格(右对齐)，如果数值长度大于 m，则以实际数值输出
%－m.nf	按照指定数据占 m 列，其中有 n 位小数。如果数值长度小于 m，右端补空格(左对齐)，如果数值长度大于 m，则以实际数值输出
%E，%e	按照指数形式输出实数
%G，%g	选用%f 和%e 格式中输出宽度较短的一种格式，不输出无意义的 0；当用 G 时，若以指数形式输出，则指数以大写表示

例 2-3　判断下面程序输出结果。

代码如下：

```
#include <stdio.h>
    main()
    {
        int a=15;
        float b=123.1234567;
        double c=12345678.1234567;
        char d='p';
```

```
    printf("a=%d, %5d, %o, %x\n", a, a, a, a);
    printf("b=%f, %lf, %5.4lf, %e\n", b, b, b, b);
    printf("c=%lf, %f, %8.4lf\n", c, c, c);
    printf("d=%c, %8c\n", d, d);
  }
```

3. 输入函数

C 语言中的输入函数包括 getchar()函数和 scanf()函数。

1）getchar()函数

getchar()函数的功能是从终端输入一个字符。

例 2 - 4 从键盘输入一个字符，然后将其输出。

代码如下：

```
  # include <stdio. h>
  main()
  {
    char c;
    c=getchar( );
    putchar(c);
  }
```

说明：该函数没有参数，函数的返回值是从输入设备得到的字符。从键盘输入的数据通过回车键确认结束，送入缓冲区，该函数从缓冲区中读入一个字符。该函数得到的字符可以赋给一个字符变量或整型变量，也可以不赋给任何变量，而作为表达式的一部分。例如，上面代码中的第五、六行可以用以下一行代替：

　　putchar(getchar());　　/＊将 gerchar()读入的字符直接用 putchar()输出＊/

2）scanf()函数

getchar()函数只能用来输入一个字符，而 scanf()函数可以用来输入任何类型的多个数据。其一般格式为：

　　scanf(格式控制，地址列表)；

说明：格式控制是用双撇号括起来的字符串，包含格式说明符和普通字符两部分。其中，格式说明以％开头，后跟格式字符和修饰符，格式说明与地址列表中变量的个数一致，格式说明的作用是使对应的变量按指定的格式输入。格式字符的作用与 printf()函数一样。普通字符按原样输入，用来分隔所输入的数据。

地址列表由输入项组成，两个输入项之间用逗号分隔，输入项一般由取地址运算符 & 和变量名构成，即："& 变量名"。例如，scanf("%d, %d", &a, &b);不能写成 scanf("%d, %d", a, b);。

scanf()函数的格式字符分别如表 2.6 和表 2.7 所示。

表 2.6 scanf 格式字符

格式字符	说　　　明
%d、%i	用来输入有符号的十进制整数
%u	用来输入无符号的十进制整数
%o	用来输入无符号八进制整数
%X，%x	用来输入无符号的十六进制整数
%c	用来输入单个字符
%s	用来输入字符串，将字符串放到一个字符数组中
%f	用来输入实数，可以用小数形式或指数形式输入
%E、%e、%g、%G	与%f 的作用相同，%e 与%f、%g 可以相互替换(大小写作用相同)

表 2.7 scanf 的附加格式说明符

字　　符	说　　　明
l	用于输入长整型数据(可用%ld、%lo、%lx)以及 double 型数据(%lf 或%le)
域宽	指定输入数据所占宽度(列数)，域宽为正整数
*	表示本输入项在读入后不赋给相应的变量

例如：

```
int a，b；
scanf("%d%*d%d"，&a，&b)；
printf("%d,%d\n"，a，b)；
```

输入数据为："123 45 678↙"，则将 123 赋给变量 a，45 不赋予任何变量，678 赋给变量 b，所以输出结果为："123，678"。

四、运算符和表达式

1. 算术运算符和算术表达式

C 语言中算术运算符包括基本算术运算符、强制类型转换运算符和自增、自减运算符。

1) 基本算术运算符

基本算术运算符及含义如表 2.8 所示。

表 2.8 基本算术运算符及含义

运算符	名称及举例	运算符	名称及举例
+	加运算，如 3+6	/	除运算，如 9/3
−	减运算，如 5−2	%	模运算，如 9%5
*	乘运算，如 4 * 7		

说明：

（1）两个整数相除的结果仍然是整数，即 5/2 的值为 2，舍去小数部分。

（2）如果参加运算的两个数中有一个数为实数，则结果为 double 型，因为 C 语言中所有实数都按 double 型进行运算，即 5.0/2 的值为 2.5。

（3）% 运算符的两侧必须都是整型数据。

（4）基本算术运算符参与运算对象个数为两个，结合方向都是自左至右，并规定了优先级。在表达式求值时，先按运算符的优先级别高低次序执行。

例 2-5 从键盘输入一个 3 位整数，求该数个位、十位、百位上的数的和。

代码如下：

```c
#include <stdio.h>
main()
{
    int num;
    int n1, n2, n3, sum;
    scanf("%d", &num);
    n1=num%10;              /* 求个位上的数 */
    n2=num/10%10;           /* 求十位上的数 */
    n3=num/100;             /* 求百位上的数 */
    sum=n1+n2+n3;
    printf("和为:%d\n", sum);
}
```

2）数值型数据间的混合运算

整型、单精度型、双精度型、字符型数据可以混合运算。例如，$10+'a'+1.5-123.45*'b'$ 是合法的。在具体进行运算时，不同类型的数据需要先转换成同一类型，然后进行运算。其转换规则如图 2.2 所示。

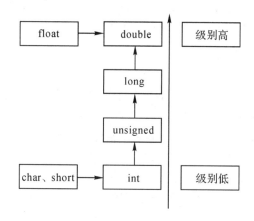

图 2.2 不同数据类型的自动转换规则

（1）转换按照数据长度增加的方向进行，以保证不降低精度。例如，char、short 型在运算时，先把 int 型转换成 long 型后再计算。

（2）所有的浮点运算都是以双精度进行的，即使只含有 float 型运算的表达式，也要先转换成 double 型，再进行运算。

（3）int 型和 long 型在参与运算时，将其先转换 long 型。

例 2-6 运行下面的程序，观察并分析运行结果。

代码如下：

```
#include <stdio.h>
main( )
{
    char ch='a';
    int n=2;
    floar f1=4.26;
    double f2=5.31;
    printf("ch*n+f1*1.0-f2 的运算结果为:%f\n", ch*n+f1*1.0-f2);
}
```

3）强制类型转换运算符

在实际应用中，经常要把一些表达式的类型转换成所需的类型，C 语言提供了强制类型转换运算符。其一般格式为：

（类型名）（表达式）

例如：

（double）a

（int）（x+y）

需要注意的是，表达式应该用括号括起来。如果写成（int）x+y，则只将 x 转换成整型，然后再与 y 相加。

说明：C 语言中有两种类型转换：一种是系统自动进行类型转换，如 4+21.3；另一种是强制类型转换，当自动类型转换不能达到要求时，可以用强制类型转换。进行强制类型转换运算并不改变数据原来的类型。例如，对于 float x=2.56;，则在语句 int i=(int)x 后，x 的类型仍然为 float 型。

4）自增、自减运算符

自增、自减运算符是单目运算符，即对一个运算对象施加运算，运算结果仍赋予该对象，如表 2.9 所示。参加运算的对象必须是变量，不能是常量或表达式。

表 2.9 自增、自减运算符

运算符	名称	含义及举例	
++	加 1	x++ 使用 x 之后，使 x 的值加 1	++x 使用 x 之前，使 x 的值加 1
——	减 1	x—— 使用 x 之后，使 x 的值减 1	——x 使用 x 之前，使 x 的值减 1

例 2-7 运行一个程序，观察并分析自增、自减运算符的用法。

代码如下：

```
#include <stdio. h>
main()
{
    int a, b;
    a=8;
    b=a++;
    printf("%d, %d\n", a, b);
    b=++a;
    printf("%d, %d\n", a, b);
}
```

5）算术表达式

用算术运算符和括号将运算对象（也称为操作数）连接起来的符合 C 语法规则的式子，称为 C 语言算术表达式。运算对象可以是常量、变量、函数等。

6）算术运算符的优先级和结合方向

C 语言规定了运算符的优先级和结合方向，在表达式求值时，先按运算符的优先级别高低次序执行，再按运算符的结合方向结合（相同优先级时）。例如，先乘除后加减，如表 2.10 所示。

表 2.10　算术运算符的优先级和结合方向

运 算 种 类	结 合 方 向	优 先 级
++　－－	从右到左	高
*　/　%	从左到右	↓
+　－	从左到右	低

2. 赋值运算符和赋值表达式

1）赋值运算符

在 C 语言中，等号"＝"被作为一种运算符来使用，称为赋值运算符。它的作用是将一个数据赋给一个变量。其一般形式为：

　　　　＜变量名＞＝＜表达式＞；

其作用是将右边表达式的值赋给左边的变量。例如，"x＝5"的作用是执行一次赋值操作。把常量 5 赋值给变量 x，也可以将一个表达式的值赋给一个变量。

2）复合赋值运算符

在赋值运算符的前面加上一个其他运算符后，就构成复合赋值运算符。其一般形式为：

　　　　＜变量名＞＜双目运算符＞＝＜表达式＞

等价于：

　　　　＜变量名＞＝＜变量名＞＜双目运算符＞＜表达式＞

在程序中，使用这种复合运算符有两大优点：一是可以简化程序，使程序更精炼；二是可以提高编译效率，产生质量较高的目标代码。在 C 语言中，大部分的双目运算符都可以与赋值运算符结合成复合赋值运算符。常用的几种复合运算符如表 2.11 所示。

表 2.11　复　合　运　算　符

运算符	举例	等价于	运算符	举例	等价于
+=	x+=3	x=x+3	/=	x/=3	x=x/3
-=	x-=3	x=x-3	%=	x%=3	x=x%3
*=	x*=3	x=x*3			

3）赋值表达式

由赋值运算符将一个变量和一个表达式连接起来的式子称为赋值表达式。其一般形式为：

<变量名> <赋值运算符> <表达式>

对赋值表达式求解的过程是将"赋值运算符"右侧的"表达式"的值赋给左侧的变量，而"表达式"的值就是被赋值的变量的值，若赋值运算符两侧表达式的类型不相同，则先进行类型转换。

例 2-8　运行一个程序，观察并分析运算符的用法。

代码如下：

```
#include <stdio.h>
main()
{
    int a, b, c, x, y;
    a=2;
    c=3;
    b=2*a+6;
    c*=a+b;
    x=a*a+b+c;
    y=2*a*a*a+3*b*b*b+4*c*c*c;
    printf("%d %d %d %d %d\n", a, b, c, x, y);
}
```

说明：

（1）例子中的表达式 y=2*a*a*a+3*b*b*b+4*c*c*c 不可以写成 y=2aaa+3bbb+4ccc。

（2）根据需要可以用赋值表达式同时对多个变量赋同样的值，例如，a=b=c=4，表示同时将 4 赋给变量 a、b 和 c，相当于 a=4，b=4，c=4。

（3）赋值运算符的结合方向是"自右向左"，即从右向左计算。例如，a=b=c=4*2，先计算 c=4*2，再计算 b=c，最后计算 a=b。

 任务实施

通过前面讲解的变量、常量、算术运算符、算术表达式以及标准输入、输出函数等知识,已经具备了实现简单计算器的四则运算的知识,采用顺序结构完成该程序。

一、总体分析

根据"简单计算器的四则运算"功能分析,用传统流程图表示算法如图 2.3 所示。

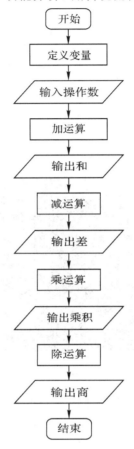

图 2.3   四则运算流程图

二、功能实现

1. 编码实现

代码如下:

```
#include<stdio.h>
main()
{   int oper1, oper2, sum, mul, sub;
    double div;
    printf("请输入第一个操作数:\n");
    scanf("%d", &oper1);
    printf("请输入第二个操作数:\n");
    scanf("%d", &oper2);
```

```
      sum=oper1+oper2;
      printf("%d+%d=%d\n", oper1, oper2, sum);
      sub=oper1-oper2;
      printf("%d-%d=%d\n", oper1, oper2, sub);
      mul=oper1*oper2;
      printf("%dx%d=%d\n", oper1, oper2, mul);
      div=(double)oper1/oper2;
      printf("%d÷%d=%f\n", oper1, oper2, div);
}
```

2. 运行调试

运行调试结果如图 2.4 所示。

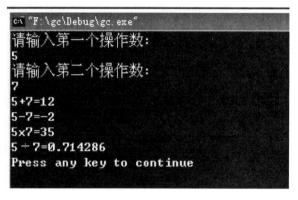

图 2.4　运行调试结果

【想一想】　任务中如果除了实现加、减、乘、除运算之外还要实现算术平方根和绝对值的功能，按照上述代码如何修改？

 任务小结

通过"简单计算器的四则运算"任务，学习了 C 语言中三种程序结构的顺序结构，并介绍了编写程序的基础知识，如数据类型、变量、常量、算术运算符、算术表达式、赋值运算符、赋值表达式、输入函数和输出函数。另外，本任务还学习了 C 语言常用的预处理命令知识。

 课后习题

一、选择题

1. 以下不合法的用户标识符是（　　　）。

A. above　　　　B. all　　　　C. _end　　　　D. #def

2. 设 ch 为字符变量，下列表达式正确的是（　　　）。

A. ch=678　　　B. ch='a'　　　C. ch="a"　　　D. ch='gda'

3. 设变量已正确定义并赋值，以下正确的表达式是（　　　）。

A. x＝y＊5＝x+z
B. int(15.8%5)

C. x＝++y+z+5
D. x＝25%5.0

4. 以下选项中正确的定义语句是(　　)。

A. double a；b；
B. double a＝b＝7；

C. double a＝7，b＝7；
D. double，a，b；

5. 在 C 语言程序中，"♯define PI 3.14"将 3.14 定义为(　　)。

A. 符号常量
B. 字符常量

C. 实型常量
D. 变量

6. 面叙述错误的是(　　)。

A. 在 C 语言程序中，各种括号应成对出现

B. 在 C 语言程序中，赋值号的左边不可以是表达式

C. 在 C 语言程序中，变量名的大小写是有区别的

D. 在 C 语言程序中，若未给变量赋初值，则变量的处置自动为 0

7. 下列字符串中为合法的字符常量是(　　)。

A. n
B. 'n'
C. 110
D. "n"

8. 下面四个选项中，均是不合法实型数的是(　　)。

A. 160，0.12，E3
B. 123，2e4.2，.0e5

C. −018，123e4，0.0
D. −e3，.234，1e3

9. 设有 int i；char c；float f；，以下结果为整型表达式的是(　　)。

A. i+f
B. i+c
C. c+f
D. i+c+f

10. 以下的变量定义中，合法的是(　　)。

A. float 3_four＝3.4；
B. int _abc_＝2；

C. double a＝1+4e2.0；
D. short do＝15；

11. 下列转义字符中不正确的是(　　)。

A. '\\'
B. '\"
C. '074'
D. '\0'

12. 在执行了 a＝5；a+＝a＝5；之后，a 的结果为(　　)。

A. 5
B. 10
C. 15
D. 20

13. 设 int x＝8，y，z；执行 y＝z＝x++；x＝y＝z；后，变量 x 的值是(　　)。

A. 0
B. 1
C. 8
D. 9

14. 有以下定义和语句

```
char c1＝'a'，c2＝'f'；
printf("%d，%c\n"，c2−c1，c2−'a'+'B')；
```

输出结果是(　　)。

A. 2，M
B. 5，1
C. 2，E
D. 5，G

15. getchar()函数可以从键盘读入一个(　　)。

A. 整型变量表达式值
B. 实型变量值

C. 字符串
D. 字符或字符型变量值

16. scanf()函数被称为(　　)输入函数。

A. 字符
B. 整数
C. 格式
D. 浮点

17. 若有 int k＝11；，则表达式(k++＊1/3)的值是(　　　)。

A. 0　　　　　　B. 3　　　　　　C. 11　　　　　　D. 12

18. 设 n＝10，i＝4，则执行赋值运算符 n％＝i+1 后，n 的值是(　　　)。

A. 0　　　　　　B. 3　　　　　　C. 2　　　　　　D. 1

二、填空题

1. 表达式 5％6 的值是＿＿＿；表达式 5/6 的值是＿＿＿；表达式 5/6.0 的值是＿＿＿。

2. 若有 int i＝3，j；j＝(++i)+(++i)+－－i；，执行后 i、j 的值分别是＿＿＿、＿＿＿。

3. 在算术运算符中，只能用于整型数据运算的是＿＿＿。

4. 若 x 和 n 均为 int 型变量，而且 x 的初值为 12，n 的初值为 5，则执行表达式 x％＝(n％＝6)后，x 的值为＿＿＿。

5. 若有定义：int x＝3，y＝2；float a＝2.5，b＝3.5；，则表达式(x+y)％2+(int)a/(int)b 的值为＿＿＿。

6. 设变量 a 和 b 已正确定义并赋初值。请写出与 a－＝a+b 等价的赋值表达式＿＿＿。表达式(int)((double)(5/2)+2.5)的值是＿＿＿。

7. 在 C 语言中，系统在每一个字符串的结尾自动加一个"字符串结束标志符"即＿＿＿，以便系统据此数据判断字符串是否结束。

8. 若有语句 double x＝17；int y；，当执行 y＝(int)(x/5)％2；之后，y 的值为＿＿＿。

9. C 语言的字符输出函数是＿＿＿。

10. C 语言中的标识符只能由三种字符组成，它们是＿＿＿、＿＿＿和＿＿＿。

三、读程序写结果

1. 程序如下：

```
main( )
{
    int a＝3;
    printf("%d\n", (a+=a-=a*a));
}
```

2. 程序如下：

```
main( )
{
    char ch='a', b;
    printf("%c", ++ch);
    printf("%c\n", b=a++);
}
```

3. 程序如下：

```
main( )
{
    int a=1, b=4, c=2;
    a=(a+b)/c;
    printf("%d\n", --a);
}
```

4．程序如下：

```
main( )
{
    int x＝6，y，z；
    x＊＝18＋1；
    printf("%d，"，x－－)；
    x＋＝y＝z＝11；
    printf("%d，"，x)；
    x＝y＝z；
    printf("%d\n"，－x＋＋)；
}
```

5．程序如下：

```
main( )
{
    int m＝3，n＝4，x；
    x＝m＋＋；
    x＝x＋8/＋＋n；
    printf("%d\n"，x)；
}
```

四、编程题

1．设圆的半径 r＝1.5，圆柱体 h＝3，求圆周长、圆面积、圆柱体表面积、圆柱体体积。用 scanf()函数输入数据，输出计算结果。

2．输入一个字母字符，输出它的前驱字符和后继字符。

3．输入一个四位整数，编程实现逆序生成一个新的四位整数并输出。例如，一个数 8754，逆序后生成一个新的四位数 4578 并输出。

4．鸡兔同笼。已知鸡和兔总头数为 h(设为 30)，总脚数为 f(设为 90)，求鸡、兔各有几只？

5．有两个瓶子 A 和 B，分别盛放醋和酱油，要求将它们互换(即 A 瓶原来盛醋，现改成酱油，B 瓶则相反)。

任务三

身体健康状况检查程序

学习目标

【知识目标】

- 掌握关系运算符和关系表达式的使用方法。
- 掌握逻辑运算符和逻辑表达式的使用方法。
- 掌握 if 语句的三种基本形式和使用方法。
- 掌握 switch 语句的使用方法。

【能力目标】

- 能够使用流程图描述算法。
- 能够使用 C 语言关系表达式和逻辑表达式解决实际问题。
- 能够使用 C 语言进行选择结构程序设计。

【重点、难点】

- 领会常见的编译错误与调试方法。

任务简介

在实际生活中，人们当今重视的其中一项是健康状况。本任务将用 C 语言开发一个简单的身体健康状况检查程序，已知输入一个人的身高、体重和超脂肪率，根据公式计算标准体重、超重率及超脂肪率，并输出相应结果。

任务分析

本任务具有如下特性：

首先输入人的身高、体重和超脂肪率，根据公式计算：标准体重＝（身高－150）＊0.6＋48公斤，再根据公式计算：超重率＝（实际体重－标准体重）/标准体重，超重率＜10％属于正常体重；10％≤超重率＜20％属于体重超重；20％≤超重率＜30％且脂肪率＞30％属于轻度肥胖症；30％≤超重率＜50％且 35％＜脂肪率≤45％属于中度肥胖症；超重率≥50％且脂肪率＞45％属于重度肥胖症，即输出相应结果。

支撑知识

熟悉身体健康状况检查程序的功能后，需要先学习以下一些支撑知识。

· 关系运算符和关系表达式。

· 逻辑运算符和逻辑关系表达式。

· if 单分支语句的格式及使用方法。

· if 多分支语句的格式及使用方法。

简单身体健康检查根据提供的身高和体重实现较为准确的健康状况判断，分了五种情况。在 C 语言中，这五种情况用分支结构进行设计，需要判断相关条件是否成立，我们将这些条件统称为条件判断表达式。下面首先学习关系表达式和逻辑表达式的设计、使用方法。

一、条件判断表达式

1. 关系运算符和关系表达式

C 语言中提供了六种关系运算符，如图 3.1 所示。

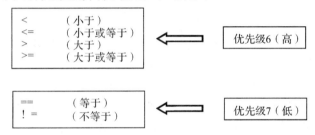

图 3.1　六种关系运算符

说明：

（1）前四种关系运算符的优先级别相同，后两种也相同，但前四种运算级别高于后两种。

（2）关系运算符的优先级低于算术运算符。例如：表达式 c＞a＋b，应先计算 a＋b，然后再与 c 比较。

（3）关系运算符的优先级高于赋值运算符。例如：表达式 a＝b＞c，应先 b 和 c 进行比较，然后再将结果赋值给 a。

关系表达式是指用关系运算符将两个表达式（可以是算术表达式、关系表达式、逻辑表达式、赋值表达式等）连接起来的式子。关系表达式的值有两个逻辑值，分别是 1 和 0。当关系表达式成立时，值为 1；当关系表达式不成立时，值为 0。在 C 语言中，用 1 代表"真"，用 0 代表"假"。

例如，a＝0；b＝0.5；x＝0.3；，则关系表达式 a＜＝x＜＝b 的值为 0。又如，判断整型变量 n 是否为偶数，可以写成 n％2＝＝0；，判断成绩变量 score 是否为及格，可以写成 score＞＝60。

2. 逻辑运算符和逻辑表达式

C 语言中提供了三种逻辑运算符：逻辑与（&&）、逻辑或（||）和 逻辑非（!）。

说明：

(1) "&&"和"||"是双目运算符，它要求有两个操作数，并且结合方向从左向右。例如，a＞b&&a＞c。

(2) "!"是单目运算符，它只要求有一个操作数，并且结合方向为从右向左。例如，!a。

三种逻辑运算的真值表如表 3.1 所示。

表 3.1　逻辑运算的真值表

A	B	A&&B	A||B	! A
0	0	0	0	1
0	非 0	0	1	1
非 0	0	0	1	0
非 0	非 0	1	1	0

逻辑表达式是指用逻辑运算符将两个表达式连接起来的式子。C 语言中逻辑值真用 1 表示，逻辑值假用 0 表示。

逻辑与表达式：对于 A&&B 表达式，先计算 A 的值，当 A 的值为 0 时不再计算 B 的值；当 A 为非 0 时，再计算 B 的值。例如，表达式 7＞0&&4＞2，由于 7＞0 为真，4＞2 也为真，表达式的结果则为真。

逻辑或表达式：对于 A||B 表达式，先计算 A 的值，当 A 的值为非 0 时不再计算 B 的值；当 A 为 0 时，再计算 B 的值。例如，表达式 7＞0||1＞2，由于 7＞0 为真，不再计算 1＞2 的结果，表达式的结果也就为真。

逻辑非表达式：对于 !A 表达式，先计算 A 的值，然后取反。例如，表达式 !(7＞0)，由于 7＞0 为真，然后取反后变为假，表达式的结果也就为假。

在逻辑表达式的求解过程中，并不是所有的逻辑运算符都被执行，例如，表达式 a&&b&&c，在求解过程中，只有当 a 为真时，才需要求 b 的值；只有当 a 和 b 都为真时，才需要求 c 的值。只要 a 为假，就不需要求 b 和 c 的值，整个表达式一定为假。如果当 a 为真，b 为假时，就不需要求 c 的值，整个表达式的值也一定为假。例如，表达式 a||b||c，在求解过程中，只要当 a 为真时，就不需要求 b 和 c 的值，整个表达式一定为真。如果当 a 为假，b 都为真时，就不需要求 c 的值，整个表达式的值也一定为真。

二、分支结构

1. 单分支选择结构

日常生活中我们经常会遇到一些单一情况的判断，如判断奇数、闰年、考试成绩及格等问题。C 语言中用 if 语句实现单分支结构。

1) if 单分支语句格式

　　if(表达式) 语句

2) if 单分支执行描述

if 后面的表达式可以是任意表达式，语句可以是一条也可以是多条。多条语句称为复合语句，得需要用{}将这些语句括起来，后面介绍的其他分支结构中若提到复合语句要求也一样。执行流程是先判断表达式是否为真，如果为真，执行表达式后面的语句；如果为假，则跳过表达式后面的语句执行其他程序语句。

3）if 单分支语句执行流程

if 单分支流程图如图 3.2 所示。

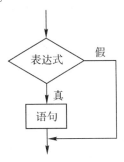

图 3.2 if 单分支流程图

例 3 - 1 编程实现，输入一个整数，求该整数的绝对值。

算法分析：定义一个整型变量，输入值；如果该数小于零，取其相反数，然后输出。

判断绝对值流程图如图 3.3 所示。

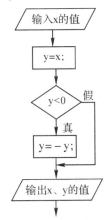

图 3.3 判断绝对值流程图

根据流程图写出程序：

```
#include <stdio.h>
main()
{   int x, y;
    printf("Enter an integer:");
    scanf("%d", &x);
    y=x;
    if(y<0)
    y= -y;
    printf("\ninteger:%d---->absolute value:%d\n", x, y);
}
```

2. 双分支选择结构

日常生活中我们经常遇到两种情况的选择，C语言中的双分支语句if…else…就相当于"如果……就……，否则……"。例如，判断登录的账号和密码是否正确，判断奇偶数。

1) if双分支语句格式

if(表达式)

    语句1

else

    语句2

2) if双分支执行描述

if后面的表达式可以是任意表达式，语句1和2可以是一条语句，也可以是复合语句。执行流程是：先判断表达式是否为真，如果为真，执行语句1；否则执行语句2。语句1和语句2只能执行其中一个。

3) if双分支语句执行流程

if双分支流程图如图3.4所示。

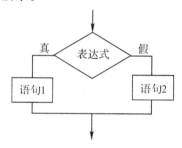

图3.4　if双分支流程图

例3-2　编程实现，输入一个整数，判断是偶数还是奇数。

算法分析：定义一个整型变量，输入一个整数。如果该整数与2取余后等于0，则输出该数是偶数；否则输出该数是奇数。

判断奇偶数程序流程图如图3.5所示。

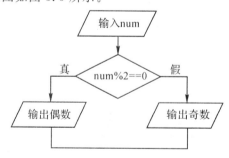

图3.5　判断奇偶数流程图

根据流程图写出程序：

```
#include <stdio.h>
main()
{
    int num;
```

```
    scanf("%d", &num);
    if(n%2==0)    printf("该数是偶数\n");
    else          printf("该数是奇数\n");
}
```

3. 多分支选择结构

单分支和双分支结构只能解决一两种情况，而实际生活中我们经常会遇到多种情况的选择，如提款机界面的选项、商场多种商品的不同折扣、入住宾馆的不同选择。在 C 语言中采用 if…else if…语句、if…else 嵌套、switch 语句来实现多分支结构。

1）if 多分支语句格式

  if(表达式 1)

   语句 1

  else if(表达式 2)

   语句 2

  ……

  else if(表达式 n)

   语句 n

  else

   语句 n+1

2）if 多分支执行描述

表达式可以是任意表达式，语句 1 和 2 可以是一条语句，也可以是复合语句。执行流程是：先判断表达式 1，如果为真，执行语句 1；否则判断表达式 2，如果为真，执行语句 2；…否则判断表达式 n，如果为真，执行语句 n；否则执行语句 n+1。语句 1、语句 2、…、语句 n 及语句 n+1 只能执行其中一个。

3）if 多分支语句执行流程

if 多分支流程图如图 3.6 所示。

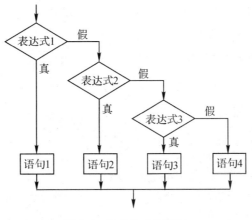

图 3.6　if 多分支流程图

例 3-3　编程实现，输入顾客购买商品的消费总额，输出顾客实际付款金额，某商场打折活动具体细则如下：

购买商品总额超过 5000 元(含 5000)打 6 折；购买商品总额超过 3000 元(含 3000)打 7 折；购买商品总额超过 2000 元(含 2000)打 8 折；购买商品总额超过 800 元(含 800)打 9 折；购买商品总额小于 800 元不打折。

算法分析：定义两个实型变量；输入顾客购买商品的销售总额；采用多分支结构判断条件，执行相应语句；输出顾客实际付款金额。

购物打折程序流程图如图 3.7 所示。

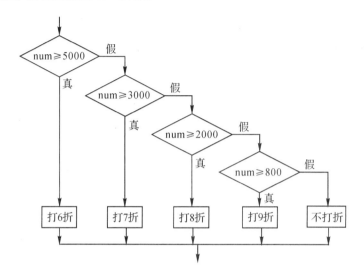

图 3.7 购物打折程序流程图

根据流程图写出程序：

```c
#include <stdio.h>
main()
{
    float num, actual_num;
    printf("请输入顾客购买商品的实际总额:\n");
    scanf("%f", &num);
    if(num>=5000)
        actual_num=num * 0.6;
    else if(num>=3000)
        actual_num=num * 0.7;
    else if(num>=2000)
        actual_num=num * 0.8;
    else if(num>=800)
        actual_num=num * 0.9;
    else
        actual_num=num;
    printf("顾客实际付款金额:%f 元\n", actual_num);
}
```

4. if 分支结构嵌套

1) if···else 的嵌套

```
if(表达式 1)
    if(表达式 2)
        语句 1
    else
        语句 2
else
    if(表达式 3)
        语句 3
    else
        语句 4
```

2) if···else 嵌套执行描述

表达式可以是任意表达式，上面描述的 if···else 嵌套格式只是其中的一种，语句 1、语句 2、语句 3 和语句 4 分别可以是一条语句，也可以是一个复合语句。执行流程是：先判断外层 if 语句中的表达式 1，如果为真，接着判断内嵌的 if 语句中的表达式 2，如果也为真，执行语句 1，否则执行语句 2；如果外层 if 语句中的表达式 1 为假，那么判断外层 else 分支下面内嵌的 if 语句中表达式 3，如果表达式 3 为真，执行语句 3，否则执行语句 4。

例 3-4 输入两个整数并判断其大小关系。

算法分析：定义两个整型变量；通过键盘输入两个整数值；采用外层双分支某一分支内嵌一个双分支结构，执行相应语句，输出两数大、小、相等的关系。

判断两个数大小关系流程图如图 3.8 所示。

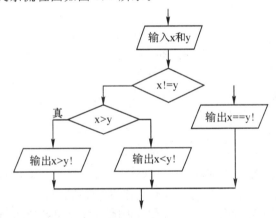

图 3.8 判断两个数大小关系流程图

根据流程图写出程序：

```
#include <stdio.h>
main()
{
    int x, y;
    printf("请输入两个整数值:\n");
```

```
    scanf("%d, %d", &x, &y);
    if(x!=y)
      if(x>y)
          printf("x>y! \n");
      else
          printf("x<y! \n");
    else
      printf("x==y! \n");
}
```

注意：if…else 配对原则：当缺省"{ }"时，else 总是和它上面离它最近的未配对的 if 配对。

$$\left\{\begin{array}{l} \text{if}(\cdots) \\ \left\{\begin{array}{l} \text{if}(\cdots) \\ \left\{\begin{array}{l} \text{if}(\cdots) \\ \text{else}\cdots \end{array}\right. \\ \text{else}\cdots \end{array}\right. \\ \text{else}\cdots \end{array}\right.$$

5. switch 语句

在日常生活中教师将百分制的分数转换成等级制时采用 if…else if…语句较复杂，在 C 语言中，采用 switch…case…语句处理这种问题在结构和代码编写方面会简单很多。

1) switch 语句的格式

```
switch(表达式)
{
    case 常量表达式 1:语句 1 或语句组 1;[break;]
    case 常量表达式 2:语句 2 或语句组 2;[break;]
    ……
    case 常量表达式 n:语句 n 或语句组 n;[break;]
    default  语句 n+1 或语句组 n+1;
}
```

2) switch 语句执行描述

先计算表达式的值，然后依次与每一个 case 中的常量表达式的值进行比较，如果有相等的，则从该 case 开始依次往下执行；如果没有相等的，则从 default 开始往下执行。执行过程中遇到 break 语句就跳出该 switch 语句；否则一直按照顺序执行下去，即会执行其他 case 后面的语句，直到遇到"}"才停止。switch 语句适合应用于条件固定的情况。

注意：在 case 后的各常量表达式的值不能相同；在 case 后允许有多个语句，可以不用 {}括起来；各个在 case 和 default 子句的先后顺序可以变动，且不会影响程序的执行结果。

3) switch 语句的流程图

switch 语句的流程图如图 3.9 所示。

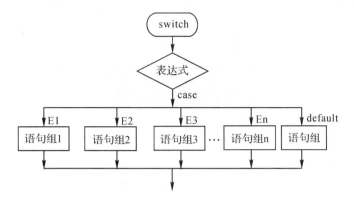

图 3.9 switch 语句的流程图

例 3 - 5 编程实现，输入考试成绩，其中 90～100 分属于 A 级别，80～89 分属于 B 级别，70～79 分属于 C 级别，60～69 分属于 D 级别，低于 60 分属于 E 级别，将成绩转换为相应的五级制并输出。

算法分析：定义两个整型变量和一个字符型变量；输入考试成绩；将成绩整除 10，把范围缩小；采用 switch 语句结构对成绩进行五级制级别转化；最后输出五级制成绩。

代码如下：

```
# include <stdio. h>
main()
{
    int score, temp;
    char grade;
    printf("请输入考试成绩:\n");
    scanf("%d", &score);
    temp=score/10;
    switch(temp)
    {
        case 10:
        case 9:grade='A';break;
        case 8:grade='B';break;
        case 7:grade='C';break;
        case 6:grade='D';break;
        case 5:
        case 4:
        case 3:
        case 2:
        case 1:
        case 0:grade='E';break;
    }
    printf("五级制级别为:%c\n", grade);
}
```

程序运行结果如图 3.10 所示。

图 3.10　运行结果

三、其他运算符

C 语言的其中一个特点是具有丰富的运算符，有些运算符在适当的情况下可以替换其他编程语言中更冗长的命令，各种各样的运算符不仅加快了程序的开发时间，而且也使命令编译的更高效，运行速度更快。

1. 条件运算符和条件表达式

在前面所学习的 if 语句中，当被判断的表达式值为"真"或"假"时，都执行一个赋值语句，且向同一个变量赋值，这时也可以用一个条件运算符来处理，如下面的 if 语句：

```
if(a<b)
    min=a；
else
    min=b；
```

上面的 C 语言语句，无论表达式 a<b 是否满足，都向同一个变量(min)赋值。在 C 语言中也可以用下面的语句来实现此功能：

```
min=(a<b)？a；b；
```

其中，"(a<b)？a；b"是一个条件表达式，它的执行流程是：如果(a<b)条件为真(非 0)，则条件表达式取值 a，否则取值 b。

说明：条件运算符?…：要求有三个操作对象，是三元运算符，它的一般格式如下：

表达式 1? 表达式 2：表达式 3

其计算规则为：如果表达式 1 的值为真(非 0)，则以表达式 2 的值作为条件表达式的值，否则以条件表达式 3 的值作为整个条件表达式的值。条件表达式通常用于赋值语句之中。

条件运算符的运算优先级低于关系运算符和算术运算符，但高于赋值运算符。条件运算符? …：是一对完整运算符，不能分开单独使用。条件运算符的结合方向是自右至左。例如，表达式 a>b?a:c>d?c:d;应理解为：a>b?a:(c>d?c:d)；这也是条件表达式的一种嵌套形式，即其中的表达式 3 又是一个条件表达式。

2. 逗号运算符和逗号表达式

C 语言中逗号可作为分隔符使用，将若干变量隔开，如 int a，b，c；其又可作为运算符使用，将若干独立的表达式隔开，并依次计算各表达式的值。其一般形式为：

表达式 1，表达式 2，…，表达式 n；

逗号表达式的求解过程：先求表达式 1 的值，再求表达式 2 的值…，最后求表达式 n 的值。整个逗号表达式的值是最后一个表达式 n 的值。在 C 语言所有运算符中，逗号表达式的优先级最低。例如：

```
#include"stdio.h"
main( )
{
    int x, a;
    x=(a=3*5, a*4, a+5);
    printf("x=%d, a=%d\n", x, a);
}
```

其运行结果是：

x=20，a=15

任务实施

通过前面讲解的条件运算符、条件表达式、逻辑运算符、逻辑表达式、if 分支结构、switch 语句等知识，已经具备了实现健康状况检查的知识，采用选择结构完成该程序。

一、总体分析

根据"健康状况"功能分析，用传统流程图表示算法如图 3.11 所示。

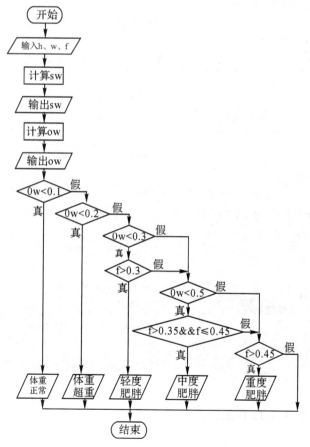

图 3.11　健康状况检查流程图

二、功能实现

1. 编码实现

代码如下：

```c
#include<stdio.h>
main()
{
    //定义变量：身高、体重、标准体重、超重率和超脂肪率
    double h, w, sw, ow, f;
    printf("请输入身高、体重和超脂肪率:\n");
    scanf("%lf, %lf, %lf", &h, &w, &f);//身高单位是 cm, 体重单位是 kg, 超脂肪率是 0.1~0.3

    sw=(h-150)*0.6+48;                //计算标准体重
    printf("标准体重为%lf 公斤\n", sw);
    ow=(w-sw)/sw;        //计算超重率
    printf("超重为%0.1lf%%\n", ow*100);
    if(ow<0.1)                       //判断超重率<10%
        printf("体重正常!\n");
    else if(ow<0.2)                  //判断 10%≤超重率<20%
        printf("体重超重!\n");
    else if(ow<0.3)                  //判断 20%≤超重率<30%
    {
        if(f>0.3)                    //判断超脂肪率>30%
        printf("轻度肥胖症!\n");
    }
    else if(ow<0.5)                  //判断 30%≤超重率<50%
    {
        if(f>0.35&&f<=0.45)          //判断 35%<超脂肪率≤45%
        printf("中度肥胖症!\n");
    }
    else                             //判断超重率>50%
    {
        if(f>0.45)                   //判断超脂肪率>45%
        printf("重度肥胖症!\n");
    }
}
```

2. 运行调试

运行调试结果如图 3.12 所示。

图3.12 运行调试结果

【想一想】 任务中健康状况检查可以用switch语句结构实现吗？为什么？

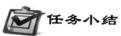 **任务小结**

通过"健康状况检查"任务，学习了C语言中三种程序结构的选择结构，并介绍了编写程序时常用的一些基础知识，如关系运算符、关系表达式、逻辑运算符、逻辑表达式、if分支结构、if分支结构嵌套、switch语句。另外，本任务还学习了C语言中运算级别较低的条件运算符和逗号运算符及其相关的表达式。

 课后习题

一、选择题

1. 设a、b和c都是int型变量，并且有int a＝3，b＝4，c＝5；，则在以下的表达式中，值为1的表达式是（ ）。

 A．!c&&1 B．a>=b C．!a||b+c&&b-c D．!a||!b

2. 设有int a＝1，b＝2，c＝3，d＝4，m＝2，n＝2；，执行(m＝a>b)&&(n＝c>d)后n的值（ ）。

 A．1 B．2 C．3 D．0

3. 执行下面的程序，若从键盘上输入6，则输出结果是（ ）。

```
main()
{
int x;
  scanf("%d", &x);
  if(x-->5)  printf("%d\n", x);
  else      printf("%d\n", ++x);
}
```

 A．7 B．6 C．5 D．4

4. 以下程序的运行结果是（ ）。

```
main()
{
  int x=1, a=0, b=0;
  switch(x)
   {case 0: b++;
```

```
      case 1：a++；
      case 2：a++；b++；
   }
      printf("a=%d, b=%d\n", a, b);
   }
```

A. a=2，b=1　　　B. a=1，b=1　　　C. a=1，b=0　　　D. a=2，b=2

5. 以下不正确的语句是（　　）。

A. if(x>y);

B. if(x=y)&&(x!=0)　x+=y;

C. if(x!=y) scanf("%d", &x); else scanf("%d", &y);

D. if(x<y)　{x++; y++;}

6. 下列运算符中优先级最高的是（　　）。

A. <　　　　　　　B. +　　　　　　　C. &&　　　　　　　D. !=

7. 执行以下程序段后的输出结果是（　　）。

```
   int x=7, y=8, z=9;
   if(x>y)　x=y; y=z; z=x;
   printf("x=%d, y=%d, z=%d\n", x, y, z);
```

A. x=7，y=8，z=7　　　　　　B. x=7，y=9，z=7

C. x=8，y=9，z=7　　　　　　D. x=8，y=9，z=8

8. 逻辑运算符两侧运算对象的数据类型是（　　）。

A. 只是 0 或 1　　　　　　　　B. 只能是 0 或非 0 正数

C. 只能是整型或字符型数据　　　D. 可以是任何合法的数据类型

9. 以下程序的运行结果是（　　）。

```
   main()
   {　int k=4, a=3, b=2, c=1;
       printf("%d\n",K<a? k:c<b? c:a);
   }
```

A. 1　　　　　　　B. 2　　　　　　　C. 3　　　　　　　D. 4

10. 下列运算符中，不属于关系运算符的是（　　）。

A. <　　　　　　　B. >=　　　　　　　C. !　　　　　　　D. !=

11. 下面能正确表示逻辑关系"a<10 且 a>0"的 C 语言表达式是（　　）。

A. a<10 and a>0　B. a<10| a>0　　C. a<10 && a>0　　D. a<10||a>0

12. 下列程序段运行后，x 的值是（　　）。

```
   int a=1, b=0, x=4;
   if(a==0)++x;
   else if(b!=0)x=7;
       else x=13;
```

A. 4　　　　　　　B. 5　　　　　　　C. 7　　　　　　　D. 13

13. 设 a、b、c、d、m、n 均为 int 型变量，并且 a=5、b=6、c=7、d=8、m=0、n=0，则逻辑表达式(m=a<b)||(n=c>d)进行运算后，表达式的值为（　　）。

A. 0　　　　　　　　B. 1　　　　　　　　C. 2　　　　　　　　D. 3

14. 当 x、y、z 的值分别为 3、4、5 时，执行以下各语句：

```
if(x>z){x=y;y=z;z=x;}
else    {x=z;z=y;y=x;}
```

则 x、y、z 的值分别为（　　　）。

A. 5 5 4　　　　　　B. 5 4 5　　　　　　C. 3 4 5　　　　　　D. 5 4 4

15. 以下变量均为整型，则值不等于 7 的表达式是（　　　）。

A. (m＝n＝6，m＋n，m＋1)　　　　　　B. (m＝n＝6，m＋n，n＋1)

C. (m＝6，m＋1，n＝6，m＋n)　　　　　D. (m＝6，m＋1，n＝m，n＋1)

16. 以下程序的输出结果是（　　　）。

```
main()
{
  int x=2, y=-1, z=2;
  if(x<y)
    if(y<0) z=0;
  else    z+=1;
  printf("%d\n", z);
}
```

A. 3　　　　　　　　B. 2　　　　　　　　C. 1　　　　　　　　D. 0

17. 判断 char 型变量 c1 是否为小写字母的正确表达式为（　　　）。

A. 'a'<=c1　　　　　　　　B. c1>=a&&c1<=z

C. c1>=a||c1<=z　　　　　　D. c1>='a'&&c1<='z'

二、填空题

1. 假设所有变量均为整型，则表达式(a＝2，b＝5，a＋＋，b＋＋，a＋b)的值为＿＿＿＿，a 的值为＿＿＿＿＿＿。

2. 表达式 3>2>1 的值为＿＿＿＿＿＿，表达式 1<2<3 的值是＿＿＿＿＿＿＿。

3. 执行以下的程序段后，a＝＿＿＿＿＿＿＿＿，b＝＿＿＿＿＿＿＿。

```
int x=3, y=2, a, b, c;
a=((x==y++)?x--:y++);
b=x++;
```

4. 执行以下的程序段后，a＝＿＿＿＿＿＿＿，x＝＿＿＿＿＿＿＿。

```
x=(a=4,6*2)
```

5. 条件"x≤0 或 10<x<20"的 C 语言表达式是＿＿＿＿＿＿＿＿＿＿。

6. 提供的三种逻辑运算符是 &&、|| 和＿＿＿＿＿＿＿＿＿＿＿。

7. 所有运算符中优先级最低的为＿＿＿＿＿＿＿＿＿＿运算符。

8. 若 x、y 为 int 型变量，则表达式(y=6，y+1，x=y，x+1)的值是＿＿＿＿＿＿＿＿。

9. 判断一个字符 ch 是数字的表达式是＿＿＿＿＿＿＿＿。

10. 已知 a＝3、b＝4，则表达式 !a＋b 的值为＿＿＿＿＿＿＿＿。

三、读程序写结果

1. 程序如下：

```
main()
{
   int x=100, a=10, b=20;
   int v1=5, v2=0;
   if(a<b)
     if(b!=15)
       if(v1==0)
          x=1;
       else
     if(v2!=0)   x=10;
     x=3;
   printf("%d", x);
}
```

2. 程序如下：
```
main()
{
    int   score=2;
    switch(score)
    { case   3:printf("Pass!");
      case   2:printf("Fail!");break;
      default :printf("data error!");
    }
}
```

3. 程序如下：
```
main()
{
   int a=2, b=-1, c=2;
   if(a>b)
     if(b>0) c=0;
     else c++;
   printf("%d\n", c);
}
```

4. 程序如下：
```
main()
{
    int x=1, a=0, b=0;
    switch(x)
    {
      case 0: b++;
      case 1: a++;
      case 2: a++;b++; break;
    }
    printf("%d, %d\n", a, b);
```

　　　　}
　5. 程序如下：
　　main( )
　　{
　　　int a＝4，b＝3，c＝5，t＝0；
　　　if(a＜b){t＝a；a＝b；b＝t；}
　　　if(a＜c)t＝a；a＝c；c＝t；
　　　printf("%d，%d，%d\n"，a，b，c)；
　　}
　四、编程题
　1. 从键盘输入三个整数，求三个数中的最大值。
　2. 有一函数：

$$y = \begin{cases} x & (x<0) \\ 3x+2 & (x \geq 0) \end{cases}$$

请编写一个程序，输入 x，输出 y 的值。
　3. 试编程判断输入的正整数是否既是 3 又是 5 的倍数。若是，则输出 yes；否则输出 no。
　4. 编程实现，判断某一年是否是闰年。
　5. 编程实现，接受用户输入的在 1～7 之间的一个数，并以单词的形式显示星期几。例如，如果输入 1，则显示"monday"。

猜数字游戏程序

 学习目标

【知识目标】

- 了解循环结构的概念。
- 掌握 while 语句、do…while 语句和 for 语句的语法结构及执行流程。
- 掌握使用三种形式的循环语句编写嵌套结构循环程序的方法。
- 掌握 continue 语句与 break 语句的功能。

【能力目标】

- 能够利用 while 语句、do…while 语句和 for 语句编写循环程序。
- 能够应用 continue 语句、break 语句辅助设计程序。

【重点、难点】

- while 语句、do…while 语句和 for 语句的使用、各种形式嵌套循环的实现。

 任务简介

随机产生一个 100 以内的数字，要求用户猜测这个整数。输入一个想猜测的整数，判断是否与产生的随机数相等，由屏幕显示判断结果。如果猜得不对，给出"大了"或"小了"的提示，直到猜出这个数为止，如果 10 次都没有猜对，终止程序的运行。

 任务分析

本任务具有如下特性：

（1）输入任意一个数字。数字的要求是 0～99 之间的数即可。

（2）系统对您输入的数字进行判断。

如果您输入的数字与计算机随机生成数相比较，输入的数字比随机生成数小，系统将提示您："数字太小，请您重新输入"。

如果您输入的数字与计算机随机生成数相比较，输入的数字比随机生成数大，系统将提示您："数字太大，请您重新输入"。

如果您输入的数字与计算机随机生成数相等，系统将提示您："你猜对了"，并输出猜测的次数。

（3）每猜测一次，系统便会记录下来，游戏结束后，显示共猜测多少次，如果累计 10 次不正确，将退出程序的运行。

（4）在游戏结束时，可以选择关闭游戏，或者再来一局。

（5）游戏结束前可选择直接显示答案。

 支撑知识

熟悉猜数字游戏程序的功能后，还需要先学习以下一些支撑知识。

· while 语句。

· do…while 语句。

· for 语句。

· 循环的嵌套。

· break 语句与 continue 语句。

· rand 函数与 srand 函数。

循环结构又称为重复结构，可以完成重复性、规律性的操作。其特点是：在给定的条件成立时，反复执行某一程序段，直到条件不成立为止。给定的条件称为循环条件，反复执行的程序段称为循环体。

一、while 语句

1. 一般形式

　　　while(表达式)
　　　　　循环体语句；

其语义为：首先计算表达式的值，若为"真"，则执行循环体语句，执行完毕后，再计算表达式的值，若仍为"真"，则重复执行循环体语句。直到表达式的值为"假"时，结束 while 循环语句的执行。

2. 执行流程

while 语句的执行流程如图 4.1 所示。

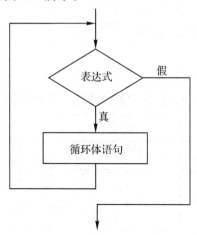

图 4.1 while 语句的执行流程

说明：

(1) while 语句是当型循环，其特点是先判断，后执行。

(2) 表达式是控制循环执行与否的条件，可为任意类型表达式，表达式为真(非 0)继续循环，为假(0)终止循环。

(3) 循环体如果包含一条以上的语句，应该用大括号括起来，成为复合语句。如果不加大括号，while 语句的范围仅到第一条语句。

(4) while 语句的循环体中必须出现使循环趋于结束的语句，否则进入死循环。

3. 使用范例

(1) 使用 while 语句计算 $1+2+3+\cdots+99+100$。其流程图如图 4.2 所示。

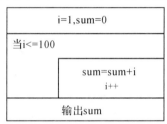

图 4.2　使用 while 语句的流程图

根据流程图写出程序：

```c
#include <stdio.h>
main()
{
    int i, sum=0;
    i=1;
    while(i<=100)
    {
        sum=sum+i;
        i++;
    }
    printf("%d", sum);
}
```

程序的运行结果为：

5050

(2) 从键盘上输入一行字符，统计字符的个数。其流程图如图 4.3 所示。

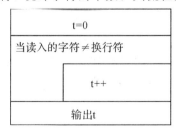

图 4.3　统计字符的流程图

根据流程图写出程序：

```
#include <stdio.h>
main()
{
    int t=0;
    char c;
    while((c=getchar())! ='\n')
        t++;
    printf("number n=%d\n", t);
}
```

二、do…while 语句

1. 一般形式

```
do
    循环体语句；
while(表达式)；
```

其语义为：首先执行一次循环体语句，然后再计算表达式的值，若为"真"，则重复执行循环体语句，直到表达式的值为"假"时，结束 do…while 语句的执行。

2. 执行流程

do…while 语句的执行流程如图 4.4 所示。

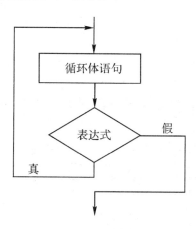

图 4.4　do…while 语句的执行流程

说明：

(1) do…while 语句是直到型循环，其特点是先执行，后判断。

(2) while 后面的分号"；"不能少。

3. 使用范例

(1) 使用 do…while 语句计算 $1+2+3+\cdots+99+100$。其流程图如图 4.5 所示。

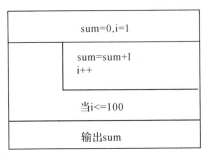

图 4.5 使用 do…while 语句的流程图

根据流程图写出程序：

```c
#include <stdio.h>
main()
{
    int i, sum=0;
    i=1;
    do
    {
      sum+=i;
      i++;
    }while(i<=100);
    printf("%d", sum);
}
```

程序的运行结果为：

5050

（2）用下列公式计算 π 的值：

$\pi/4 = 1 - 1/3 + 1/5 - 1/7 + \cdots + 1/n$（精度要求为 $|1/n| < 10^{-6}$）

设：n 为分母，s 为符号分子，pi 为累加器，t 为存放某一项的值。其流程图如图 4.6 所示。

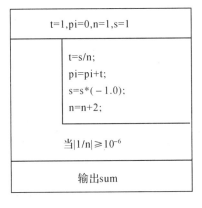

图 4.6 计算 π 的值的流程图

根据流程图写出程序：

```
#include<math.h>
main()
{
    float pi=0.0, n=1.0, s=1.0, t;
    do
    {
        t=s/n;                    /*求当前项 */
        pi=pi+t;                  /*将当前项累加到 pi 中 */
        s=s*(-1.0);               /*改变当前项的符号 */
        n=n+2;
    } while(fabs(t)>=1e-6);
    printf("%f", 4 * pi);
}
```

程序的运行结果为：

3.141592

三、for 语句

1. 一般形式

for([表达式 1];[表达式 2];[表达式 3])
    循环体语句;

其语义为：首先计算表达式 1 的值，然后执行表达式 2，若为"真"，则执行循环体语句，求解表达式 3，执行完毕后，再计算表达式 2 的值，若仍为"真"，则重复执行循环体语句，直到表达式的值为"假"时，结束 for 循环语句的执行。

2. 执行流程

for 语句的执行流程如图 4.7 所示。

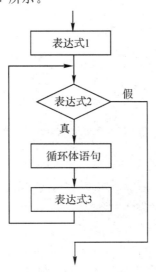

图 4.7 for 语句的执行流程

说明：

（1）根据 for 语句的执行过程，for 语句的一般应用形式为：

　　for(循环变量赋初值；循环条件；循环变量增值)

　　　循环体语句；

其中，for 语句的三个表达式可以为任意类型。

（2）循环体如果包含一条以上的语句，应该用大括号括起来，成为复合语句。如果不加大括号，for 语句的范围仅到第一条语句。

（3）for 语句的"表达式 1"可以省略，省略后应在 for 语句前给循环变量赋初值。例如：

```
#include<stdio.h>
main( )
{
    int i=0;
    for(;i<10;i++)
        putchar('a'+i);
}
```

执行时跳过求解表达式 1，其他不变。

（4）for 语句的"表达式 2"可以省略，不进行循环条件判断，进入无限循环。例如：

```
#include<stdio.h>
main( )
{
    inti;
    for(i=0;;i++)
        putchar('a'+i);
}
```

（5）for 语句的"表达式 3"可以省略，省略后可将表达式 3 放在循环体语句后面，作为循环体语句的一部分。例如：

```
#include<stdio.h>
main( )
{
    int i=0;
    for( i=0;i<10;)
    {
        putchar('a'+i);
        i++;
    }
}
```

（6）"表达式 1"、"表达式 2"和"表达式 3"可部分省略，也可全部省略。三个表达式全部省略，其间的分号不能省略，程序进入死循环。例如：

　　for(;;);

3. 使用范例

使用 for 语句计算 1+2+3+…+99+100。其流程图如图 4.8 所示。

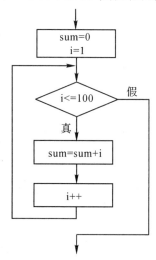

图 4.8　使用 for 语句的流程图

根据流程图写出程序：

```
#include <stdio.h>
main()
{
    int i, sum=0;
    for(i=1;i<=100;i++)
        sum+=i;
    printf("%d", sum);
}
```

程序的运行结果为：

```
5050
```

四、循环的嵌套

一个循环体内又包含一个或多个完整的循环语句，称为循环语句的嵌套。三种形式的循环语句可以相互嵌套。例如，下面几种都是合法的循环语句嵌套形式：

（1）形式一：

```
while()
{      …
        while()
        { …
        }
    …
}
```

（2）形式二：

```
do
{ …
    do
    { …
    }while( );
    …
}while( );
```

（3）形式三：

```
while()
{ …
    do
    { …
    }while( );
    …
}
```

（4）形式四：

```
for(;;)
{ …
    do
    { …
    }while();
    …
    while()
    { …
    }
    …
}
```

例 4 - 1 从 3 个红球、5 个白球、6 个黑球中任取 8 个球，并且其中必须有白球，输出可能的方案。

用 i 来表示红球的个数，j 表示白球的个数，k 表示黑球的个数。用流程图表示算法如图 4.9 所示。

程序如下：

```
#include <stdio.h>
main()
{
    int i, j, k;
    printf("\n hong bai hei \n");
    for(i=0;i<=3;i++)
      for(j=1;j<=5;j++)
        {
```

```
            k=8-i-j;
            if(k>=0&&k<=6)
                printf("%3d %3d %3d\n", i, j,k);
        }
    }
```

程序的运行结果如图 4.10 所示。

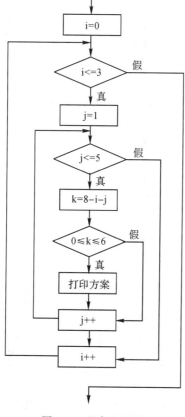

图 4.9　程序流程图

图 4.10　程序的运行结果

五、break 语句与 continue 语句

循环体中经常使用 break 语句或是 continue 语句来改变循环的执行流程。

1. break 语句

break 语句的一般形式为：

　　break;

break 语句可应用于 switch 语句和循环语句。在前面介绍过 break 语句应用于 switch 结构，可使执行流程跳出 switch 结构，继续执行 switch 语句下面的语句。break 语句还可应用于循环语句，其作用是可以跳出本层循环，转去执行后面的程序。常见结构如下：

　　while(表达式 1)
　　{　…
　　　if(表达式 2)　break;

```
      ...
   }
```

break 语句的执行流程如图 4.11 所示。

例 4 - 2 将小写字母转换成大写字母，直至输入非字母字符。

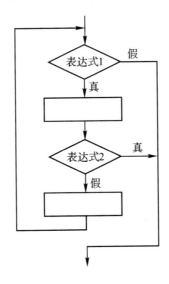

图 4.11 break 语句的执行流程

代码如下：

```
#include <stdio.h>
main()
{
    int i, j;
    char   c;
    while(1)
    {
        c=getchar();
        if(c>='a' && c<='z')
            putchar(c-'a'+'A');
        else
            break;
    }
}
```

2. continue 语句

continue 语句的一般形式为：

```
continue;
```

常见结构：

```
while(表达式 1)
{   ...
```

```
if(表达式 2)　continue;
    ...
}
```

continue 语句的执行流程如图 4.12 所示。

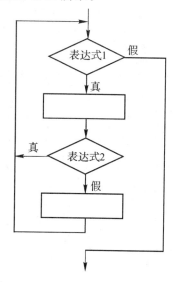

图 4.12　continue 语句的执行流程

例 4 - 3　求输入的 10 个整数中正数的个数及其平均值。

代码如下：

```c
#include <stdio. h>
main()
{
    int i, num=0, a;
    float sum=0;
    for(i=0;i<10;i++)
    {
        scanf("%d", &a);
        if(a<=0)　continue;
        num++;
        sum+=a;
    }
    printf("%d plus integer's sum :%6.0f\n", num, sum);
    printf("Mean value:%6.2f\n", sum/num);
}
```

六、rand 函数与 srand 函数

1) rand()函数——产生伪随机数

函数原型：int rand(void)。

头文件：stdlib. h。

功能：产生从 0 到 32767 之间的随机数。

例如：

```
#include <stdio. h>
#include <stdlib. h>
main()
{
    int k;
    k = rand();
    printf("%d\n",k);
}
```

编译运行，发现每次运行程序产生的随机数都是一样的。计算机中产生随机数，实际是采用一个固定的数作为"种子"，在一个给定的复杂算法中计算结果，所以称为"伪随机数"。

2）srand()函数

函数原型：void srand(unsigned seed)。

头文件：stdlib. h。

功能：由随机数种子 seed 进行运算产生随机数的起始数据。srand()函数与 rand 函数配合使用，可产生不同的随机数列。

例如：

```
#include <stdio. h>
#include <stdlib. h>
#include <time. h>
main()
{
    int i;
    srand((unsigned) time(NULL));
    for (i=0;i<10;i++)
        printf("%d\n", rand());
}
```

当程序运行时，每次产生 10 个不同的随机数。因为采用时间作为种子，而时间一直在变化，所以就产生了"随机"的随机数了。

3）产生指定区间的随机数

采用表达式 rand()%(Y−X+1)+X 可以产生[X，Y]区间内的随机整数。

例如：

```
rand()%100                      //产生 0~99 间的随机数
rand()%(200−100+1)+100          //产生 100~200 间的随机数
```

 任务实施

通过前面的知识铺垫，已经具备了制作猜数字游戏的知识，本节讲述了三种循环，可选择其中一种完成程序。

一、总体分析

根据"猜数字游戏"功能分析，用传统流程图表示算法如图 4.13 所示。

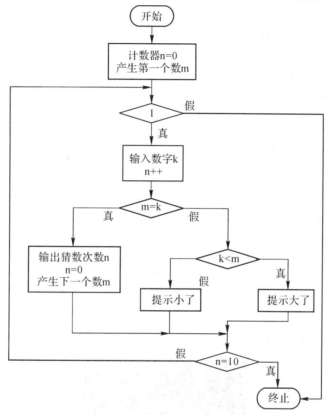

图 4.13 猜数字游戏流程图

二、功能实现

1. 编码实现

代码如下：

```
#include<stdio.h>
#include<stdlib.h>
#include<time.h>
main()
{
    int i, n=0, m, k;
    srand((unsigned)time(NULL));
    m=rand()%100;
    while(1)
    {
```

```
        printf("\n 请输入要猜的数字\n");
        scanf("%d", &k);
        n++;
        if(k==m)
        {
            printf("\n 你猜对了，你猜了%d 次\n", n);
            printf("\n 你要猜的数字是%d", m);
            printf("\n 游戏重新开始");
            n=0;
            m=rand()%100;
        }
        else if(k<=m)
            printf("\n 小了，下次大点\n");
        else if(k>=m)
            printf("\n 大了，下次小点\n");
        if(n==10)
            break;

    }
}
```

2. 运行调试

运行调试结果如图 4.14 所示。

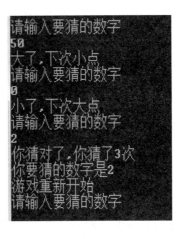

图 4.14　运行调试结果

【试一试】　任务采用 while 语句完成，利用 do…while 语句和 for 语句对任务代码进行改写。

 **任务小结**

通过"猜数字游戏"任务，学习了 C 语言中三种循环语句 while 语句、do…while 语句、for 语句的使用方法及嵌套的循环的设计方法。循环的使用过程经常会用到辅助控制语句

break 语句及 continue 语句。另外，本任务还学习了随机数据产生的方法。

课后习题

一、选择题

1. 设有程序段：

```
int k＝10;
while(k＝0) k＝k－1;
```

则下面描述中正确的是（   ）。

A. while 循环 10 次　　　　　　　　B. 循环是无限循环

C. 循环体一次也不执行　　　　　　D. 循环体只执行一次

2. 语句 while(!E); 中的表达式!E 等价于（   ）。

A. E＝＝0　　　　B. E!＝1　　　　C. E!＝0　　　　D. E＝＝1

3. 下面程序段的运行结果是（   ）。

```
int n＝0;
while(n++＜=2);printf("%d", n);
```

A. 2　　　　　B. 3　　　　　C. 4　　　　　D. 有语法错误

4. 下面程序段的运行结果是（   ）。

```
x＝y＝0;
while(x＜15) y++, x+＝++y;
printf("%d, %d", y, x);
```

A. 20，7　　　　B. 6，12　　　　C. 20，8　　　　D. 8，20

5. 在 C 语言中，while 和 do…while 循环的主要区别是（   ）。

A. do…while 的循环至少无条件执行一次

B. while 的循环控制条件比 do…while 的循环控制条件严格

C. do…while 允许从外部转到循环体内

D. do…while 的循环体不能是复合语句

6. 下面关于 for 循环的正确描述是（   ）。

A. for 循环只能用于循环次数已经确定的情况

B. for 循环是先执行循环体语句后判断表达式

C. 在 for 循环中，不能用 break 语句结束循环

D. 在 for 循环中，可以包含多条语句，但必须用花括号括起来

7. 以下正确的描述是（   ）。

A. continue 语句的作用是结束整个循环的执行

B. 只能在循环体内和 switch 语句体内使用 break 语句

C. 在循环体内使用 break 或 continue 语句的作用相同

D. 从多层嵌套中退出时，只能使用 goto 语句

8. 求整数 1 至 10 的和并存入变量 s，下列语句中错误的是（   ）。

A. s＝0;for(i＝1;i＜＝10;i++) s+＝i;

B. s＝0;i＝1;for(;i＜＝10;i++) s＝s+i;

C. for(i=1，s=0;i<=10;s+=i, i=i+1);

D. for(i=1;s=0;i<=10;i++) s=s+i;

9. 在下列语句中，哪一个可以输出 26 个大写英文字母（　　）。

A. for(a='A';a<='Z';printf("%c", ++a));

B. for(a='A';a<'Z';a++)printf("%c", a);

C. for(a='A';a<='Z';printf("%c", a++));

D. for(a='A';a<'Z';printf("%c", ++a));

10. 下列语句中与语句 while(1){if(i>=100)break;s+=i;i++;} 功能相同的是（　　）。

A. for(;i<100;i++) s=s+i;

B. for(;i<100;i++;s=s+i);

C. for(;i<=100;i++) s+=i;

D. for(;i>=100;i++;s=s+i);

11. 执行下面的程序后，a 的值为（　　）。

```
main()
{
  int a, b;
  for (a=1, b=1;a<=100;a++)
  {   if(b>=20)break;
      if(b%3==1)
      {b+=3;
      continue;
      }b-=5;
  }
}
```

A. 7   B. 8   C. 9   D. 10

12. 以下程序段的输出结果是（　　）。

```
int x=3;
do
{   printf("%3d", x-=2);}
while(!(--x));
```

A. 1   B. 3 0   C. 1 -2   D. 死循环

13. 定义变量 int n=10；则下列循环的输出结果是（　　）。

```
while(n>7)
{   n--;
    printf("%d\n", n);
}
```

A. 10   B. 9   C. 10   D. 9
　9　　　　8　　　　9　　　　8
　8　　　　7　　　　8　　　　7
　　　　　　　　　　7　　　　6

二、编程题

1. 输入两个正整数 m 和 n，求其最大公约数和最小公倍数。

2．输入一行字符，分别统计出其中的英文字母、空格、数字和其他字符的个数。

3．求"1！＋2！＋3！＋…＋19！＋20！"的值。

4．打印出所有的"水仙花数"，所谓"水仙花数"，是指一个三位数，其各位数字立方之和等于该数本身。

学生成绩处理程序

 学习目标

【知识目标】

· 了解数组的概念。

· 掌握数组的定义方法。

· 掌握数组元素的引用方法。

· 掌握数组的常用操作。

【能力目标】

· 能够利用数组处理大批量同类型数据。

【重点、难点】

· 一维数组的定义及其使用。

· 二维数组的定义及其使用。

 任务简介

输入一个学生 10 门课的成绩，要求按照成绩从低到高的顺序输出。

 任务分析

编程思路：

(1) 10 个成绩需要存储在 10 个变量中，先定义接收成绩的 10 个变量。

(2) 输入 10 个成绩依次赋给 10 个变量。

(3) 将这 10 个变量的值进行排序。

由于一个 float 类型的变量中只能存放一个成绩，所以需要定义 10 个变量来存放 10 门课的成绩。然而 10 门课成绩同属于一个同学，它们是一组相关数据，如果定义 10 个变量来存放成绩，那么这 10 个变量是各自独立的，并没有反映出这些成绩的整体关系。另外，对 10 个变量进行排序是不现实的，程序也无法做到。

分析这些数据，不难发现它们有一个共同特点，就是大批量而且数据类型相同。那么为了能方便地处理这种类型数据，C 语言提供了一种构造数据类型——数组。

数组是一组相同类型的变量的集合。其用一个数组名标识，其中，每个变量（称为数组元素)通过它在数组中的相对位置(称为下标)来引用。数组可以是一维的,也可以是二维的。

与变量一样,数组也遵循先定义后使用的原则。例如,存储一个学生的 10 门课成绩,可以使用长度为 10 的一维数组来实现。

 支撑知识

熟悉学生成绩处理程序的功能后,需要先学习以下一些支撑知识。
- 一维数组。
- 二维数组。
- 字符数组及字符串处理的相关函数。

一、一维数组

1. 一维数组的定义

一维数组用于存放一组数据,要占据一定大小的存储空间。一维数组的大小和类型,要通过数组定义来确定。一维数组的定义格式如下:

数据类型　数组名[常量表达式];

其中,数据类型是各数组元素的数据类型,数组名遵循 C 语言标识符规则。常量表达式表示数组中有多少个元素,即数组的长度。例如:

int x[10];

通过上面数组定义语句,可以了解到有关该数组的以下信息:

(1) 数组名:数组名为 x。在 C 语言中,数组名表示该数组的首地址,即第一个元素的地址(&x[0])。

(2) 数组维数:一维数组。

(3) 数组元素的个数(即数组长度):10。

C 语言规定第一个元素的下标为 0,第二个元素的下标为 1,依次往后,那么数组 x 的从后一个元素的下标为 9,这样数组 x 的各个元素依次表示为:x[0]、x[1]、x[2]、…、x[9]。

(4) 数组元素的类型:类型 int 规定了数组 x 的类型,即数组中所有元素均为整型,那么这样的一个元素可以存放一个整数。

(5) 数组元素在数组集合中的位置编译时将会为数组 x 分配 10 个连续的存储单元,如图 5.1 所示,其中每个数组元素依据下标依次连续存放。程序代码如下:

```c
#include<stdio.h>
main()
{
    int a[10],i;
    for(i=0;i<10;i++)
      a[i]=i;              /* 给数组元素赋值 */
    for(i=9;i>=0;i--)
    printf("%d\n",a[i]);   /* 输出数组元素的值 */
}
```

				......		
x[0]	x[1]	x[2]	x[3]	......	x[8]	x[9]

图 5.1　一维数组 x 的存储结构示意图

在定义一维数组时，需要注意以下几个方面：

（1）表示数组长度的常量表达式，必须是正的整型常量表达式。

（2）相同类型的数组、变量可以在一个类型说明符下一起说明，互相之间用逗号隔开。例如：

```
int  a[5], b[10], i
```

（3）C 语言不允许定义动态数组，即数组的长度不能是变量或变量表达式。

2．一维数组元素的引用

一维数组的数组元素由数组名和下标来确定，引用形式如下：

```
数组名[下标表达式]
```

例如，有定义：

```
float a[5], x=1, y=2;
```

那么，a[0]、a[x]、a[x+y]都是 a 数组中元素的合法引用形式，0、x、x+y 是下标表达式。

在引用数组元素时，需要注意以下几个方面：

（1）数组元素实际上就是变量，因此它的使用规则与同类型的普通变量是相同的。

（2）数组不能整体引用。例如，对上面定义的数组 a，不能用数组名 a 代表 a[0]到 a[4]这五个元素。

（3）一维数组中数组元素的位置由下标确定。

（4）程序中常用循环语句控制下标变化的方式来访问数组元素。

例 5 - 1　分析下面程序，理解一维数组元素的应用。

程序的运行结果为：

```
9876543210
```

3．一维数组的初始化

程序在编译时，仅仅为数组在内存中分配了一串连续的存储单元，这些存储单元中并没有确定的值，可以用以下形式，在定义时为数组赋初值。

（1）定义时为每个元素都指定值：

```
int x[6]={10, 20, 30, 40, 50, 60};
```

所赋初值放入大括号中，用逗号隔开，数值类型必须与说明的数组类型一致，从第一个元素开始依次给数组 x 中的每个元素赋初值。

初始化后，数组 x 的存储情况如图 5.2 所示。

10	20	30	40	50	60
x[0]	x[1]	x[2]	x[3]	x[4]	x[5]

图 5.2　数组 x 的存储情况（1）

在初值的个数与数组大小一致时，可以省略数组的大小，例如：

```
int  x[]={78, 87, 77, 91, 60};
```

此时，系统会根据提供的数据个数确定数组的大小。

（2）指定部分元素的值：

int x[5]＝{78,87,77};

初始化后，数组 x 的存储情况如图 5.3 所示。

78	87	77	0	0
x[0]	x[1]	x[2]	x[3]	x[4]

图 5.3　数组 x 的存储情况（2）

定义的 x 数组有 5 个元素，后面只提供了 3 个初值，那么没有取到值的 2 个元素，系统会自动赋初值 0。

4．一维数组应用举例

例 5-2　输入 10 名学生的成绩，找出最高分和最低分。

编程思路：

（1）本题实际上是最大数与最小数问题。

（2）定义一个大小为 10 的数组来存储 10 个成绩，定义两个变量 max、min 分别用来存最高分和最低分。

（3）最高分和最低分的确定需要通过比较才能得出，先将第一个成绩分别存入 max 和 min 中，然后用 max 和 min 依次与其他成绩进行比较，比较过程中把较高成绩放入 max 中，较低成绩放入 min 中，最后输出 max 和 min 即可。

程序代码如下：

```
#include <stdio.h>
main()
{
    float score[10], max, min;
    int i;
    printf("请输入 10 个成绩：");
    for(i=0;i<10;i++)
        scanf("%f", &score[i]);
    max=min=score[0];
    for(i=1;i<10;i++)
    {
        if(score[i]>max)
            max=score[i];
        if(score[i]<min)
            min=score[i];
    }
    printf("最高分：%.2f,最低分：%.2f\n", max, min);
}
```

程序的运行结果为：

请输入 10 个成绩：78 89 94 85 76 96 69 68 77 88

最高分：96.00，最低分：68.00

例 5 - 3　程序功能是随机产生 10 个 50 以内的整数放入数组，求产生的 10 个数中偶数的个数及其平均值。

编程思路：

(1) 产生 0～50 之随机整数用库函数 rand()％50，该函数使用时需要包含头文件＃include ＜stdlib. h＞。

(2) 取出每个数进行判断，如果是偶数，则计算累加和，同时统计偶数的个数。

程序代码如下：

```c
#include <stdio.h>
#include <stdlib.h>
main()
{
    int a[10];        /*定义数组*/
    int k, j;
    floatave, s;
    k=0;
    s=0.0;
    for(j=0;j<10;j++)        /*用数组存放 10 个随机整数*/
        a[j]=rand()%50;
    printf("数组中的值：");
    for(j=0;j<10;j++)
        printf("%6d", a[j]);        /*输出 10 个随机整数*/
    printf("\n");
    for(j=0;j<10;j++)
    {
        if(a[j]%2==0)        /*如果数组的值为偶数*/
        {
            s+=a[j];
            k++;
        }    /*累加及偶数个数计数*/
    }
    if(k!=0)
    {
        ave=s/k;
        printf("偶数的个数：%d\n偶数的平均数：%f\n",K, ave);
    }
}
```

二、二维数组

从逻辑上可以把二维数组看成是具有若干行、列的表格或矩阵，因此，在程序中用二维数组存放排列成行列结构的表格数据。

1. 二维数组的定义

在定义二维数组时，除了给出数组名、数组元素的类型外，同时应给出二维数组的行数和列数。二维数组的定义格式为：

　　数据类型 数组名[常量表达式1][常量表达式2];

其中，常量表达式1指定数组中所包含的行数，常量表达式2指定每行所包含的列数。例如：

　　int a[3][4];

通过上面数组定义语句，可以了解到有关该数组的以下信息：

(1) 定义了一个名为 a 的二维数组，数组中每个元素的类型均为整型。

(2) 数组 a 中包含有 $3*4=12$ 个数组元素，其行列下标都从 0 开始，依次加 1。

各数组元素为：

	第0列	第1列	第2列	第3列
第0行	a[0][0]	a[0][1]	a[0][2]	a[0][3]
第1行	a[1][0]	a[1][1]	a[1][2]	a[1][3]
第2行	a[2][0]	a[2][1]	a[2][2]	a[2][3]

(3) 数组 a 的逻辑结构恰似是一个 3 行 4 列的表格，但是在物理结构上，与一维数组一样，在内存中占据连续的一片存储单元，各数组元素按行次序存放，每行的 4 个元素再按列号次序排列，如图 5.4 所示。

				……				
a[0][0]	a[0][1]	a[0][2]	a[0][3]	……	a[2][0]	a[2][1]	a[2][2]	a[2][3]

图 5.4　二维数组 a 的存储结构示意图

在定义二维数组时，需要注意的是，两个常量表达式的值只能是正整数，分别表示行数和列数，书写时要分别括起来。以下定义是不正确的：

　　int　a[3,4];　/* M误定义 */

2. 二维数组元素的引用

二维数组中每个元素需要由数组名和两个下标来确定，引用形式如下：

　　数组名 [下标表达式1][下标表达式2]

例如，有定义：

　　float b[4][5];

　　int x=3, y=1;

以下是对该数组元素的引用：

　　b[0][3]、b[x][y]、b[x-2][y+1]　/* 正确的引用 */

　　b[0, 3]、b[x, y]、b[x-2, y+1]　/* 不正确的引用，格式错误 */

　　b[4][5];　/* 不正确的引用，行、列下标都超出了引用范围 */

提示：二维数组中每个元素都由两个下标确定，通常引用二维数组需要用到两层循环嵌套，外层循环控制行号，内层循环控制列号。

例 5-4　二维数组的输入和输出。

程序代码如下：

```
#include <stdio.h>
main()
{
    int x[3][4], i, j;
    printf("请输入数组的值：\n");
    for(i=0;i<3;i++)
    for(j=0;j<4;j++)
        scanf("%d", &x[i][j]);        /* 给数组元素输入值 */
    printf("输出数组的值：\n");
    for(i=0;i<3;i++)
    {
        for(j=0;j<4;j++)
            printf("%6d", x[i][j]);        /* 输出数组元素的值 */
        printf("\n");
    }
}
```

程序的运行结果为：

    请输入数组的值：
    1234
    3456
    6789
输出数组的值：
    1   2   3   4
    3   4   5   6
    6   7   8   9

3. 二维数组的初始化

二维数组的初始化方式有多种，其中常用以下几种方式：

所赋初值个数与数组元素的个数相同。每行的初值放在一个大括号中，所有行的初值再放在一个大括号中。例如：

    int a[3][2]={{1,2},{3,4},{5,6}};

初始化后，每个数组元素均被赋值，其中，a[0][0]=1，a[0][1]=2，a[1][0]=3，a[1][1]=4，a[2][0]=5，a[2][1]=6。

二维数组在初始化时，第一维的大小可以省略，但是第二维的大小绝不能省略。

例 5-5 利用初始化的方法给二维数组赋值并输出。

程序代码如下：

```
#include <stdio.h>
main()
{
    int x[3][4]={{1,2},{3,4,5},{6,7,8,9}}, i, j;
    printf("输出数组的值：\n");
    for(i=0;i<3;i++)
```

```
    {
        for(j=0;j<4;j++)
            printf("%6d", x[i][j]);
        printf("\n");
    }
}
```

程序的运行结果为：

　　输出数组的值：

　　1　2　0　0

　　3　4　5　0

　　6　7　8　9

4. 二维数组应用举例

例 5－6　利用二维数组输出杨辉三角形。

1

1　1

1　2　1

1　3　3　1

1　4　6　4　1

1　5　10　10　5　1

编程思路：将杨辉三角形的值存放在一个二维数组的下三角中。

杨辉三角形具有如下特点：

(1) 第 0 列和对角线上元素均为 1。

(2) 其他元素的值均为上一行的同列和上一行前一列元素之和。

程序代码如下：

```
#include <stdio.h>
#define   N   6
main()
{
    int a[N][N], i, j;
    for(i=0;i<N;i++)        /*第 0 列和对角线上元素位置 1*/
    {
        a[i][0]=1;
        a[i][i]=1;
    }
    for(i=2;i<N;i++)        /*给杨辉三角形其他元素位置数*/

        for(j=1;j<i;j++)
            a[i][j]=a[i-1][j-1]+a[i-1][j];

    for(i=0;i<N;i++)        /*输出杨辉三角形*/
```

```
        {
            for(j=0;j<=i;j++)
                printf("%8d", a[i][j]);
            printf("\n");
        }
    }
```

三、字符数组及字符串处理的相关函数

字符串是指用双引号括起来的一串字符,如"Good"。字符串在内存中用字符数组来存放。字符数组实际上是数组元素为 char 类型的一维数组,其用法与普通数组基本相同。

1. 字符数组的定义

例如:

    char str[10];

其中,数组 str 为字符数组,包含 10 个数组元素,即 str[0]、str[1]、…、str[9],其中的每个元素只能存放一个字符。

2. 字符数组的初始化

(1) 字符数组 char str[5]={'H','E','L','L','O'}; /＊每个数组元素各存放一个字符＊/,初始化后,数组 str 的存储情况如图 5.5 所示。

H	E	L	L	O
ch [0]	ch[1]	ch[2]	ch[3]	ch[4]

图 5.5 数组 str 的存储情况(1)

(2) 字符数组 char ch[5]={'c','a','t'}; /＊数据不够时,其余元素取'\0'＊/,初始化后,数组 str 的存储情况如图 5.6 所示。

c	a	t	\0	\0
ch[0]	ch[1]	ch[2]	ch[3]	ch[4]

图 5.6 数组 str 的存储情况(2)

字符串由若干字符组成,其末尾必须有字符串结束标记'\0'。所以字符数组 str 中存放的是一组字符,而不是字符串,但是字符数组 ch 存放的是一个字符串。

(3) 字符串赋值。用字符串初始化字符数组。例如:

    char str[6]={"HELLO"};
    char str[6]="HELLO";
    char str[]="HELLO";

以上三种形式的初始化定义结果都一样,其中,第三种书写形式经常被使用。

3. 字符串的输入、输出

C 语言提供了格式说明符%s,可以进行整串的输入和输出操作。

(1) scanf()函数中使用格式说明符%s实现字符串的整串输入,例如:

```
char str[10];
scanf("%s", str);
```

输入的字符串被存放到数组 str 中，并且会自动在尾部加上结束标记'\0'。在使用格式符%s 输入字符串时，空格和回车符都作为输入数据的分隔符而不能被读入。

（2）printf()函数中使用格式说明符%s 实现字符串的整串输出。

例 5-7 输入一个由字母组成的字符串，统计字符串中大写字母的个数。

编程思路：

（1）从字符串中依次取出各个字符进行判断，遇到'\0'时为止。

（2）用变量 n 统计大写字母的个数。

程序代码如下：

```
#include <stdio.h>
#include <string.h>
main()
{
    char str[30];
    int i, n;
    n=0;
    printf("请输入字符串：");
    scanf("%s", str);
    i=0;
    while(str[i]!='\0')
    {
        if(str[i]>='A'&&str[i]<='Z')/*如果是大写字母，变量 n 值增 1*/
        n++;
        i++;/*指示下一个字符*/
    }
    printf("字符串中大写字母的个数为：%d\n", n);
}
```

程序的运行结果为：

请输入字符串：AStudentATeather

字符串中大写字母的个数为：4

说明：程序中变量 i 用来做数组元素的下标，每次增 1 实现顺序取出字符串中的字符，变量 n 统计大写字母的个数，只有当前字符为大写字母时其值才增 1。

4. 常用的字符串处理函数

在 C 程序中，很多字符串的处理都要借助字符串函数来完成。C 语言提供了大量的字符串处理函数，在使用这些函数时，必须包含头文件 string.h。下面介绍几种常用的字符串处理函数。

（1）字符串输入函数 gets()。例如：

```
char str[50];
gets(str);
```

str 为字符数组名，函数 gets()用来接收从键盘输入的字符串(可以包含空格符)，遇换行符为止，系统自动将换行符用'\0'代替。

（2）字符串输出函数 puts()。例如：

```
char str[]="Hello World";
put(str);
```

str 为待输出字符串的起始地址，函数 puts()将从指定位置开始输出字符串，遇'\0'结束输出。

（3）字符串长度函数 strlen()。例如：

```
char str[]="hello world!";
printf("%d", strlen(str));
```

函数 strlen()能测试字符串的长度，函数的返回值为字符串的实际长度(不包括'\0')，上面语句的输出结果是 12。

（4）字符串复制函数 strcpy()。例如：

```
char str1[20], str2[]="Hello";
strcpy(str1, str2);
```

函数 strcpy()将字符串 2 原样复制到字符数组 1 中去。在使用该函数时，字符数组 1 必须定义得足够大，以便容纳到拷贝的字符串。

提示：对于字符串复制操作，语句 str1=str2;是错误的写法。

（5）字符串连接函数 strcat()。例如：

```
char str1[20]="abcde", str2[]="xyz";
strcat(str1, str2);
puts(str1);
```

程序运行结果为：

```
abcdexyz
```

函数 strcat()将两个字符串连接成一个长的字符串。连接后的字符串放在字符数组 1 中，因此字符数组 1 必须足够大，以便容纳连接后的新字符串。

（6）字符串比较函数 strcmp()。例如：

```
strcmp("ask", "active")
```

函数 strcmp()将两个字符串从左至右逐个字符进行比较(ASCII 码值大小比较)，直到出现不同的字符或遇到'\0'为止，比较的结果由函数值带回。具体描述如下：

① 字符串 1=字符串 2，函数值为 0。

② 字符串 1>字符串 2，函数值为正整数。

③ 字符串 1<字符串 2，函数值为负整数。

例 5－8　连接两个字符串后计算所得到的字符串的长度。

程序代码如下：

```
#include <stdio.h>
#include <string.h>
main()
{
```

```
    char str1[30], str2[10];
    printf("请输入第一个字符串：");
    gets(str1);
    printf("请输入第一个字符串：");
    gets(str2);
    strcat(str1, str2);
    printf("连接后的新串为：");
    puts(str1);
    printf("新串长度为：%d\n", strlen(str1));
}
```

程序的运行结果为：

请输入第一个字符串：this is
请输入第一个字符串：a book!
连接后的新的字符串为：this is a book!
新串长度为：15

5. 字符串应用举例

例 5 - 9 删除字符串 s 中所有的 ′ * ′，剩下的字符组成新的字符串存入数组 t 中。

编程思路：

（1）依次取出 s 中的每个字符判断，如果不是 ′\0′ 且不是 ′ * ′ 的字符依次存入 t 中，最后 t 末尾加结束标志。

（2）定义两个变量 i 和 j，分别作为数组 s、t 的元素下标，按顺序访问每个元素。

程序代码如下：

```
#include <stdio.h>
main()
{
    char s[20], t[20];
    int i, j;
    printf("输入字符串：");
    gets(s);   /* 输入原始字符串 */
    i=0;
    j=0;
    while(s[i]! ='\0')/* 当字符串 s 没有结束时，继续执行 */
    {
        if(s[i]! ='*')
        {
            t[j]=s[i];j++;/* 如果当前字符不是'*'，则存入 t 中 */
        }
        i++;
    }
    t[j]='\0';/* 加字符串结束标记 */
    puts(t);/* 输出新串 */
}
```

程序的运行结果为：

　　输入字符串：＊＊A＊＊Boo—k＊！＊＊

　　结果：A　Book!

 任务实施

一、总体分析

我们用冒泡法对 10 个数按由小到大的顺序排序。冒泡法通过相邻两个数之间的比较和交换，使排序码（数值）较小的数逐渐从底部移向顶部，而排序码较大的数逐渐从顶部移向底部。其就像水底的气泡一样逐渐向上冒，故而得名。

以 6 个数为例，首先相邻的两数比较，将较小值移到前面，然后是相邻的两数继续比较，将较小的值前面，……，6 个数比较了 5 次，第一趟走完最大的值放到了最后。剩下的 5 个数再进行以上操作，比较 4 次后，第二越走完次大数放到了倒数第二位上。第一趟 6 个数比较 5 次，第二趟 5 个数比较 4 次，……，这样可以推出，n 个数需要走 n−1 趟，第 i 趟需要比较 n−i 次。

我们用循环嵌套实现排序，外层循环控制比较的趟数，内层循环控制每趟比较的次数，内层循环体实现相邻两数的比较。

二、功能实现

程序代码如下：

```c
#include <stdio.h>
#define N 10
main()
{
    int a[N], i, j, t;
    printf("请输入 10 个成绩：");
    for(i=0;i<N;i++)
        scanf("%d", &a[i]);
    for(i=0;i<N-1;i++)
        for(j=0;j<N-i-1;j++)
            if(a[j]>a[j+1])
            {
                t=a[j];
                a[j]=a[j+1];
                a[j+1]=t;
            }
    printf("排序后的 10 个成绩：");
    for(i=0;i<N;i++)
        printf("%6d", a[i]);
```

程序的运行结果为：

请输入 10 个成绩：65 73 85 90 83 88 96 63 58 76

排序后的 10 个成绩：58 63 65 73 76 83 85 88 90 96

任务小结

通过本章的学习，读者应掌握以下内容：

（1）数组的概念。数组是一组类型相同的变量构成的集合，数组中的变量称为数组元素。

（2）数组的地址。数组占据连续的一段存储空间，数组名是其首地址。

（3）数组的定义。

① 一维数组的定义形式：

数据类型 数组名［常量表达式］

② 二维数组的定义形式：

数据类型 数组名［常量表达式 1］［常量表达式 2］

（4）数组元素的引用。

① 一维数组元素的引用形式：

数组名［下标］

② 二维数组元素的引用形式：

数组名［行下标］［列下标］

由于数组元素的下标从 0 开始连续变化，所以引用数组元素时，常用循环来处理。一维数组用单循环实现，循环变量作为元素的下标，顺序引用每个元素。二维数组借助二层循环，通常外层循环控制行下标，内层循环控制列下标，这样可以方便地顺序访问数组中的各元素，完成某些重复的操作。在引用元素时，注意不能超过引用范围。

（5）一维数组的应用。一维数组可以存放一批类型相同的数据，并且可以利用一维数组对这批数据进行处理，如查找数据、插入数据、删除数据、对数据进行排列等操作。

（6）二维数组的应用。二维数组用来存放类型相同的多行多列形式的数据，如表格或矩阵数据，利用二维数组的逻辑结构可以直观地反映出数据的行列位置。

（7）字符数组就是数组元素为 char 类型的数组，其用法与数值型数组基本相同。

（8）字符串的存储。字符串在内存中都用字符数组来存放。一维数组可以存放和处理一个字符串，程序中常用字符串的结束符'\0'来判断字符串是否结束。多个字符串的存储和处理可以借助二维字符数组(也称为字符串数组)完成。

（9）字符串处理函数。C 语言提供了很多字符串处理函数，如字符串输入和输出、复制、连接、比较等，调用它们可以方便地处理字符串。需要注意的是，使用字符串处理函数时，程序前要加命令行，即 ♯include＜string. h＞。

课后习题

一、读程序题。

分析以下程序，写出每个程序的输出结果。

1. 程序如下：

```
♯include＜stdio. h＞
```

```
main()
{
    int arr[10], i,k=0;
    for(i=0;i<10;i++) arr[i]=i;
    for(i=0;i<4;i++) k+=arr[i];
    printf("%d\n",k);
}
```

2. 程序如下：

```
#include<stdio.h>
main()
{
    int p[8]={11,12,13,14,15,16,17,18}, i=0, j=0;
    while(i++<7)
        if(p[i]%2) j+=p[i];
    printf("%d\n", j);
}
```

3. 程序如下：

```
#include<stdio.h>
main()
{
    int i, x[][3]={1,2,3,4,5,6,7,8,9};
    for(i=0;i<3;i++)
        printf("%d, ", x[i][2-i]);
}
```

4. 程序如下：

```
#include<stdio.h>
main()
{
    int a[3][3]={{1,2},{3,4},{5,6}}, i, j, s=0;
    for(j=1;j<3;j++)
        s+=a[j][i];
    printf("%d\n", s);
}
```

5. 程序如下：

```
#include<stdio.h>
main()
{
    int num[4][4]={{1,2,3,4},{5,6,7,8},{9,10,11,12},{13,14,15,16}};
    int i, j;
    for(i=0;i<4;i++)
    {
        for(j=1;j<=i;j++)   printf("%4c", ' ');
```

```
        for(j=i;j<4;j++)   printf("%4d", num[i][j]);
        printf("\n");
    }
}
```

6. 程序如下：

```
#include<stdio. h>
main()
{
    char s[]="abcdef";
    s[3]='\0';
    printf("%s\n", s);
}
```

7. 程序如下：

```
#include<stdio. h>
main()
{
    char x[]="programming";
    char y[]="Fortran";
    int i=0;
    while(x[i]! ='\0'&& y[i]! ='\0')
    if(x[i]==y[i])
        printf("%c", x[i++]);
    else
      i++;
}
```

二、填空题

下列程序的功能是删除字符串 str 中所有的数字字符。请填空。

```
#include<stdio. h>
#define N 10
main()
{
    int a[N]={2, 4, 7, 9, 13, 14, 16, 20, 23}, i,k, x;
    printf("请输入要插入的数:");
    scanf("%d", &x);
    while(x>a[k]&& k<N-1)
        _____;    /*继续取数组中下一个数*/
    for(i=N-2;i>=k;i--)
        _____;    /*插入位置及其以后的元素向后移动*/
    _____:    /*插入数据*/
    printf("插入数后的序列为:\n");
    for(i=0;i<N;i++)
      printf("%d\t", a[i]);
```

```
    }
```

三、编程题

1. 定义一个大小为 20 的一维数组，使其元素依次存放奇数，然后按每行 5 个数输出。

2. 定义一个 3×6 的二维数组，元素的值为 0~50 之间的随机数，输出其中最小值及其所在的行列下标。

3. 编程将字符串 s 中下标为奇数的字符组成新的字符串存放到 t 中。

4. 已知数组中的值在 0~9 的范围内，统计每个整数在该数组中出现的次数。

5. 利用二维数组输出下面图形：

```
1 0 0 0 0 1
0 1 0 0 1 0
0 0 1 1 0 0
0 0 1 1 0 0
0 1 0 0 1 0
1 0 0 0 0 1
```

模拟 ATM 机存、取款程序

 学习目标

【知识目标】

· 掌握函数的定义及一般调用形式。

· 掌握函数的嵌套调用和递归调用方法。

· 掌握数组作为函数参数的应用。

· 掌握函数中变量存储类别及作用域。

· 知道内部函数与外部函数的区别。

【能力目标】

· 能够解决函数程序设计过程中常见的编译错误。

· 能够使用模块化设计思想解决生活中一些实际问题。

· 能够使用各种函数调用的方法进行编写程序。

【重点、难点】

· 领会递归调用的使用情境。

 任务简介

在日常生活中，人们经常用银行卡在 ATM 机上存、取款。本任务将用 C 语言开发一个简单的模拟 ATM 机存、取款操作。输入银行卡密码，如果密码正确将会显示操作界面，并提示用户"请输入操作选项"。输入 1 至 5 个选项分别实现"余额查询"、"取款操作"、"存款操作"、"退卡操作"、"返回操作"等功能。如果输入密码错误，则会提示用户"密码错误，请重新输入！"。

 任务分析

本任务具有如下特性：

当模拟 ATM 机存、取款操作时，首先将账户金额定义为全局变量，然后编写密码验证函数、界面显示函数、余额查询函数、取款函数和存款函数，然后编写主程序，调用各个函数，实现各种功能操作。

 支撑知识

熟悉模拟 ATM 机存、取款程序的功能后，需要先学习以下一些支撑知识。

· 结构化程序设计。

· 函数的概述。

· 函数的定义。

· 函数的一般调用方式。

· 函数的特殊调用方式。

· 变量存储类别及其作用域。

· 内部函数与外部函数。

模拟 ATM 机存、取款程序基本要实现五个功能。如果将其都放在一个 main()函数中实现，会发现要处理的数据很多，结构较复杂，思考算法的时间也会延长，程序代码也会写很多，为了程序代码条理清晰及后期方便维护与完善相关功能，我们需采用模块化程序设计的思想，以下知识具体介绍模块化设计思想的内涵及作用。

一、结构化程序设计

结构化程序设计(Structured Programming)是进行以模块功能和处理过程设计为主的详细设计基本原则，其概念最早是由迪克斯特拉(E. W. Dijikstra)在 1965 年提出的，是软件领域发展的一个重要里程碑。他的主要观点是采用自顶向下、逐步求精的程序设计方法；使用三种基本程序控制结构构造程序，任何程序都可由顺序结构、选择结构、循环结构构造实现；以模块化设计为中心，将待开发的软件系统划分为若干份额相互独立的模块，这样将完成每一个模块的工作变得简单和清晰，为设计一些功能较多、要求较高的软件系统奠定了良好的基础。

1. 结构化程序设计基本要点

(1) 采用自顶向下，逐步求精的程序设计方法，需求分析和概要设计都采用自顶向下、逐步细化的方法。

(2) 使用三种基本控制结构构造程序。任何程序都可以由顺序、选择、循环这三种基本控制结构实现。

(3) 主程序员组的组织形式只开发程序的人员组织方式应以一个主程序员(负责全部技术活动)、一个后备程序员(协调、支持主程序员)和一个程序管理员(负责事务性工作，如收集资料、记录数据以及相关文档的管理)为核心，再加上一些专家(网络技术专家、数据库专家)和其他技术人员。

2. 结构化程序设计的特点

结构化程序中的任意基本结构都具有唯一的入口和出口，并且保证程序不会出现死循环。C 语言实质上就是模块化程序设计语言，C 程序模块化结构图如图 6.1 所示。

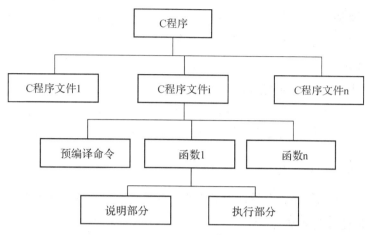

图 6.1 C 程序模块化结构图

程序中的子模块通常都用函数来实现，C 语言是函数式语言，函数的本质是完成一个特定功能的程序段。在每一个源程序文件中有且只有一个 main 函数。它可以调用其他函数而不允许被其他函数调用，所以 C 程序的执行总是从 main 函数开始，完成对其他函数的调用后再返回到 main 函数，最后由 main 函数结束整个程序。

二、函数的概述

在前面所学的每个任务中，每个 C 程序只有一个 main 函数，本任务中学习的 C 程序将由多个函数构成，每个函数将实现特定的功能，采用函数调用的形式最终实现所有功能。

在 C 语言中，可以从不同角度对函数进行分类，从函数定义的角度，函数可以分为库函数和用户自定义函数。

1. 库函数

由 C 系统提供，用户不需要定义，也不必在程序中做类型说明，只要在程序的最前面包含有该函数原型的头文件即可在程序中直接调用。例如，在前面的任务程序中用到的 printf()、scanf()、getchar()、putchar()、gets()、puts()等函数都属此类，都需要加上头文件，即 #include<stdio.h>或 #include "stdio.h"。

例 6-1 计算一个整数的绝对值。

代码如下：

```
#include "stdio.h"
#include "math.h"
main()
{   int x, y;
    printf("请输入一个整数:\n");
    scanf("%d", &x);
    y=abs(x);
    printf("该整数的绝对值是:\n", y);
}
```

运行结果：输入−5，输出该整数的绝对值是 5。

说明：一定要加上头文件♯include "math. h"，math. h 是数学头文件，abs 函数是其中之一，其功能是取绝对值，C 语言中提供很多库函数，具体见附录 C。

2. 自定义函数

自定义函数是由用户根据实际需要自己编写的函数，实现特定的功能。对于用户自定义函数，不仅要在程序中定义函数本身，而且在主调函数模块中对被调用函数进行类型说明，然后才能使用。本任务主要介绍用户自定义函数的定义和调用方法。

三、函数的定义

根据用户自定义函数是否有返回值和参数，将函数的定义分为以下四种形式。

1. 无返回值无参函数定义格式

格式如下：

```
void 函数名()
{
    函数体;
}
```

说明：其中，void 和函数名为函数头。函数名是由用户定义的标识符，函数名后有一个空括号，其中没有参数，但是括号不能省略。{}中的内容称为函数体。在很多情况下，函数都不要求有返回值和参数，这时函数类型符可以写成 void，void 代表函数无类型，即无返回值。我们可以将任务一中的第一个程序修改为自定义函数，代码如下：

```
void Hello()
{
    printf("Hello World! \n");
}
```

在本例中，只把 main 改为 Hello 作为函数名，其余内容都没变。Hello 函数是一个无返回值无参数的函数，当被其他函数调用时，输出字符串"Hello World!"。

2. 无返回值有参函数定义格式

格式如下：

```
void 函数名(形式参数列表)
{
    函数体;
}
```

说明：有参函数比无参函数多了一个内容，即形式参数列表。在形参列表中给出的参数称为形式参数，它们可以是各种类型的变量，并且各参数之间用逗号间隔。在进行函数调用时，主调函数将赋予这些形式参数实际的值。作为形参的变量，在形参列表中必须分别分开定义数据类型。

例 6 - 2　编写一个函数，实现计算两个整数的差。（采用无返回值有参数形式。）

代码如下：

```
void Sub(int x, int y)
{
    int z;
    z=x-y;
    printf("z=%d\n", z);
}
```

在这个程序中，形参为 x、y 且均为整型变量，在参数列表中分别进行类型说明。x、y 的具体值是由主调函数在调用时传送过来的。该函数只实现计算两个整数的差，并输出结果。

3. 有返回值无参函数定义格式

格式如下：

```
类型标识符 函数名()
{   函数体；
    return 表达式；
}
```

说明：函数名前的类型标识符说明了该函数的类型，因为函数名本身具有携带返回值功能，所以函数的类型实际上是函数返回值的类型。这里的类型标识符与前面介绍的各种说明符相同，return 语句的作用是把值作为函数的值返回给主调函数。有返回值的函数中至少应有一个 return 语句。

例 6-3　编写一个函数，实现计算两个整数的差。（采用有返回值无参数形式。）

代码如下：

```
int Sub()
{
    int x, y, z;
    scanf("%d, %d", &x, &y);
    z=x-y;
    return z;
}
```

程序的第一行说明 Sub 函数是一个整型函数，即返回的函数值是一个整数。在 Sub 函数体中的 return 语句是把 x 与 y 的差值 z 作为函数的值返回给主调函数，在该函数中不需要打印输出。

注意：如果函数的返回值类型是整型可以省略，但是其他函数返回值类型是不可以省略的。例如，上面程序中 Sub 函数的类型是 int 型可以省去不写。

4. 有返回值有参函数定义格式

格式如下：

```
类型标识符 函数名(形式参数列表)
{   函数体；
    return 表达式；
```

```
            }
```

例 6-4 编写一个函数，实现计算两个整数的差。（采用有返回值有参数形式）

代码如下：

```
#include"stdio. h"
int Sub(int x，int y)
{
    int z;
    z=x-y;
    return z;
}
main()
{
    int a，b，c;
    scanf("%d，%d"，&a，&b);
    c=Sub(a，b);
    printf("c=%d\n"，c);
}
```

运行结果：输入 5，2✓，输出 c=3。

说明：在 C 程序中，一个函数的定义可以放在任意位置，既可放在 main 函数之前，也可以把它放在 main 函数之后，如果放在 main 函数之后，得在主调函数前或在主调函数中对被调函数进行声明。修改后的程序代码如下：

```
#include "stdio. h"
int Sub(int x，int y);
main()
{
    int a，b，c;
    scanf("%d，%d"，&a，&b);
    c=Sub(a，b);
    printf("c=%d\n"，c);
}
int Sub(int x，int y)
{
    int z;
    z=x-y;
    return z;
}
```

运行结果：输入 5，2✓，输出 c=3。

现在我们可以从函数定义、函数说明及函数调用的角度来分析整个程序，从而进一步了解函数的各种特点。程序的第十行至第十五行为 Sub 函数定义部分。进入主函数后，由于准备调用 Sub 函数，因此先对 Sub 函数进行说明（程序第二行）。函数定义和函数说明并不是一回事，从书写形式上看，函数说明与函数定义中的函数头部分相同，但是函数定义末尾无需加分号；从表示内涵上看，函数定义是一个从无到有的过程，而函数说明只是对已经存在的函数进行声明，后面将详细介绍。程序第七行为调用 Sub 函数，并把实参 a、b 中的值传递给 Sub 的形参 x、y，有关形参和实参在后面会详细介绍。Sub 函数执行的结果 z 将返回给变量 c，最后由主函数输出 c 的值。

注意：除 main 函数外，函数名和形参名都是由用户命名的标识符，要求符合标识符的命名规则。函数定义不允许嵌套，在 C 语言中，所有函数（包括主函数 main( )）都是平行的。在一个函数的函数体内，不能再定义另一个函数，即不能嵌套定义。

四、函数的一般调用方式

1. 函数调用方式

1）函数调用一般形式

　　函数名(实际参数表);

即

　　被调用函数名(参数表达式 1，参数表达式 2，……)

说明：

（1）当调用无参函数时，缺省实际参数表，但圆括号不能省略。实际参数表中的参数可以是常量、变量或表达式。如果实参不止一个，则相邻实参之间用逗号","分隔。

（2）实参与形参个数相等，类型一致，按顺序一一对应。

（3）实参表求值顺序，因系统而定（Visual C++ 6.0 自右向左）。

（4）无论是自左向右求值，还是自右向左求值，其输出顺序不变，即输出顺序总是和实参表中的顺序相同。

例 6-5　读程序，判断下列参数求值顺序。

（1）代码如下：

```
#include "stdio. h"
int f(int a, int b);
main()
{   int i=2, p;
    p=f(++i, i);
    printf("%d", p);
}
int f(int a, int b)
{
    int c;
    if(a>b)  c=1;
```

```
        else if(a==b)    c=0;
            else c=-1;
            return(c);
    }
```

运行结果：

    1

（2）代码如下：

```
    #include "stdio.h"
    int f(int a, int b);
    main()
    {
        int i=2, p;
        p=f(i, --i);
        printf("%d", p);
    }
    int f(int a, int b)
    {
        int c;
        if(a>b)   c=1;
        else if(a==b)    c=0;
        else c=-1;
        return(c);
    }
```

运行结果：

    0

2）函数调用的方式

在 C 语言中，可以用以下几种方式调用函数：

（1）函数语句：函数调用的一般形式加上分号即构成函数语句。例如，printstar();和 printf("Hello, World! \n");都是以函数语句的方式调用函数。

（2）函数表达式：函数作为表达式中的一项出现在表达式中，以函数返回值参与表达式的预算。这种方式要求函数是有返回值的。例如，m=max(a, b) * 2;。

（3）函数参数：函数作为另一个函数调用的实际参数出现，这种情况是把该函数的返回值作为实参进行传送，因此要求该函数必须有返回值。例如，printf("%d", max(a, b));、m=max(a, max(b, c));。

说明：

（1）在调用函数时，函数名必须与具有该功能的自定义函数名完全一致。

（2）实参在类型上按顺序与形参必须一一对应和匹配。如果类型不匹配，C 编译程序将按赋值兼容的规则进行转换。如果实参和形参的类型不赋值兼容，通常并不给出出错信息，而且程序仍然继续执行，只是得不到正确的结果。

2. 函数返回值

函数的返回值是指函数被调用之后，执行函数体中的程序段所取得的并返回给主调函数的值。例如，调用上面例子中 max 函数找出两数中较大的数，对函数返回值有以下一些说明：

（1）函数的值只能通过 return 语句返回主调函数。

return 语句的一般形式为：

  return 表达式；

或者为：

  return（表达式）；

该语句的功能是计算表达式的值，并返回给主调函数。而且在函数中允许有多个 return 语句，但每次调用只能有一个 return 语句被执行，因此只能返回一个函数值。

（2）函数值的类型和函数定义中函数的类型应保持一致。如果两者不一致，则以函数类型为准，自动进行类型转换。

（3）若函数值为整型，在函数定义时可以省去类型说明。

（4）不返回函数值的函数，可以明确定义为"空类型"，类型说明符为"void"。一旦函数被定义为空类型后，就不能在主调函数中使用被调函数的函数值了。

例 6-6　编写一个函数实现对输入的两个实数找出较大的数。

代码如下：

```
#include "stdio.h"
main()
{
    int max(float x,float y);          /* 函数声明语句 */
    float a, b;
    scanf("%f, %f", &a, &b);
    printf("Max is %d\n", max(a, b));
}
max(float x,float y)                   /* 函数定义 */
{
    float z;
    z=x>y? x:y;
    return(z);
}
```

运行结果：输入 3.6，-7.35↙，输出 3。

说明：在该程序中，函数调用使用的是函数参数的调用形式，C 语言中如果函数类型与返回值类型不一致，则最终返回值的类型应以函数类型为准。因此上面程序的运行结果是 3，而不是 3.6。

3．函数参数及其传递方式

1）形参与实参

前面已经介绍过函数的参数分为形参和实参两种。在这里将详细说明形参、实参的特点及两者之间的关系。形参是指：定义函数时函数名后面括号中的变量名，在该函数体内都可以使用，当该函数执行结束后不再起作用。实参是指：调用函数时函数名后面括号中的表达式即出现在主调函数中，进入被调函数中实参也不起作用。形参和实参的功能是用于数据传递，如图 6.2 所示。当函数调用时，主调函数把实参的值传送给形参。函数的实参和形参具有以下特点：

（1）实参可以是常量、变量、表达式、函数等，而且实参必须有确定的值，以便把这些值传递给形参。因此应预先用赋值、输入等办法使实参获得确定的值。

（2）形参必须指定类型。

（3）实参对形参的数据传送是单向的值传递，即只能把实参的值传送给形参，而不能把形参的值反向地传送给实参，形参与实参在数量上、类型上和顺序上应严格一致。

（4）若形参与实参类型不一致，自动按形参类型转换——函数调用转换。

（5）形参在函数被调用前不占内存；函数调用时为形参分配内存；调用结束，内存释放。上面例子中参数传递过程以及实参与形参分别如图 6.2、图 6.3 所示。

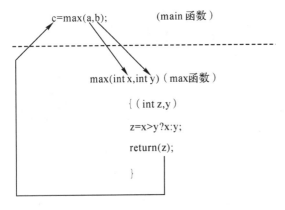

图 6.2　参数传递过程

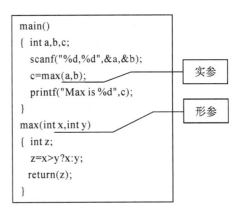

图 6.3　实参与形参

2）参数传递方式

（1）值传递方式。

方式：当函数调用时，为形参分配单元，并将实参的值复制到形参中；调用结束，形参单元被释放，实参单元仍保留并维持原值。

特点：形参与实参占用不同的内存单元；单向传递。

实参：变量、常量、表达式、数组元素等。

形参：变量。

① 变量作为函数参数。

例 6 - 7　编程实现在函数中交换两个数。

代码如下：

```
#include <stdio.h>
swap(int a, int b)
{   int temp;
    temp=a; a=b; b=temp;
}
main()
{   int x=7, y=11;
    printf("x=%d, \ty=%d\n", x, y);
    printf("swapped:\n");
    swap(x, y);
    printf("x=%d, \ty=%d\n", x, y);
}
```

运行过程如图 6.4 所示。

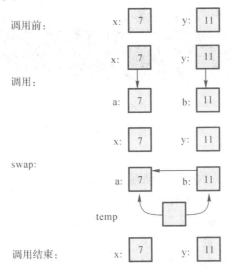

图 6.4　运行过程(1)

② 数组元素作为函数参数。数组元素就是下标变量，它与普通变量并没有区别。因此它作为函数实参使用方式与普通变量完全相同。当执行函数调用时，把作为实参的数组元素的值传递给形参，实现单向的值传递。

例 6-8　判断一个数组中各元素的值，若大于零，则输出该值；若小于或等于零，则输出 0 值。

算法分析：定义一个 zp 函数实现判断各元素的值；在 main 函数中输入每个元素的值并调用 zp 函数将每个元素的值传递给形参。

代码如下：

```
#include <stdio.h>
void zp(int x)
{
    if(x>0) printf("%d", x);
```

```
        else printf("%d", 0);
}
main()
{
    int a[5], i;
    printf("请输入 5 个整数值:\n");
    for(i=0;i<5;i++)
    {   scanf("%d", &a[i]);;
        zp(a[i]);
    }
}
```

运行结果如图 6.5 所示。

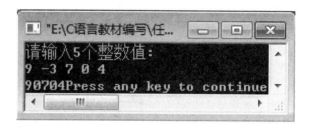

图 6.5　运行结果(1)

(2) 地址传递方式。

方式:当函数调用时,将数据的存储地址作为参数传递给形参。

特点:形参与实参占用同样的存储单元;"双向"传递。

实参和形参必须是地址常量或变量;可以用数组作为函数参数进行传递。

① 地址变量作为函数参数。

例 6-9　编程实现在函数中交换两个数。

代码如下:

```
#include "stdio. h"
swap(int * p1, int * p2)
{
  int p;
    p= * p1;
    * p1= * p2;
    * p2=p;
}
main()
{
    int a, b;
    scanf("%d, %d", &a, &b);
    printf("a=%d, b=%d\n", a, b);
    printf("swapped:\n");
```

```
        swap(&a, &b);
        printf("a=%d, b=%d\n", a, b);
    }
```

运行过程如图 6.6 所示。

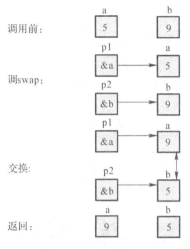

图 6.6　运行过程(2)

② 数组名作为函数参数。

在主调函数与被调函数分别定义数组，并且类型应一致；形参数组大小(多维数组第一维)可不指定。

说明：

(1) 当用数组名作为函数参数时，应该在主调函数和被调函数中分别定义数组。

(2) 实参数组与形参数组类型应一致，如不一致，结果将出错。

(3) 实参数组和形参数组大小可以一致，也可以不一致。C 编译系统对形参数组大小不做语法检查，只是将实参数组的首地址传递给形参数组。

(4) 形参数组也可以不指定大小，在定义数组时，在数组名后面跟一对空的方括号。为了在被调用函数中处理数组元素的需要，可以另设一个参数传递数组元素的个数，如例 6-10 所示。

(5) 当用数组名作为函数实参时，不是把数组的值传递给形参，而是把实参数组的起始地址传递给形参数组，这样两个数组就共占同一段内存单元，实现的是地址传递。

例 6-10　数组中存放了 10 名同学《程序设计基础》课程的期末成绩，求平均成绩。

算法分析：编写计算平均成绩的 avg 函数；编写输入 10 名同学成绩的 main 函数并调用 avg 函数。

代码如下：

```
#include <stdio.h>
float average(int stu[10], int n)
{
    int i;
    float av, total=0;
```

```
        for( i=0; i<n; i++ )
        total += stu[i];
        av = total/n;
        return av; }
    void main()
    {
        int score[10], i;
        float av;
        printf("Input  10   scores: \n");
        for( i=0; i<10; i++)
        scanf("%d", &score[i]);
        av=average(score, 10);
        printf("Average  is: %.2f", av);
    }
```

运行结果如图 6.7 所示。

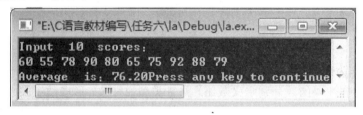

图 6.7   运行结果(2)

五、函数的特殊调用方式

1. 函数的嵌套调用

在 C 语言中，各函数之间是平行的，不存在上一级函数和下一级函数的问题。C 语言中函数定义不可以嵌套，但是可以嵌套调用函数。即在被调用函数中又调用其他函数。其关系如图 6.8 所示。图中表示了两层嵌套的情形。其执行过程是：执行 main 函数中调用函数 a 的语句，即转去执行函数 a，在函数 a 中调用函数 b 时，又转去执行函数 b，函数 b 执行完毕返回函数 a 的断点继续执行，函数 a 执行完毕返回 main 函数的断点继续执行。

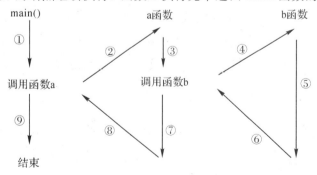

图 6.8   函数嵌套调用示意图

例 6-11 利用函数嵌套实现程序设计，通过键盘输入两个整数，计算这两个整数阶乘的和。

算法分析：编写计算某个整数阶乘的 fac 函数；编写计算求和的 sum 函数（其中嵌套调用 fac 函数）；编写 main 函数（其中调用 sum 函数）。

代码如下：

```
#include <stdio.h>
long sum(int a, int b);
long factorial(int n);
main()
{
    int n1, n2;
    long a;
    scanf("%d, %d", &n1, &n2);
    a=sum(n1, n2);
    printf("a=%ld", a);}
long sum(int a, int b)
{ long c1, c2;
  c1=factorial(a);
  c2=factorial(b);
  return(c1+c2);}
long factorial(int n)
{ long rtn=1;
  int i;
  for(i=1;i<=n;i++)
  rtn * =i;
  return(rtn);
}
```

运行结果：输入 5, 7↙，输出 a=5160。

2. 函数的递归调用

函数直接或间接地调用函数本身被称为函数的递归调用。递归调用的过程可以分为两个阶段：

（1）"递推"阶段：将原问题不断化为新问题，逐渐地从未知向可求解的方向递推，最终达到可求解的条件。

（2）"回归"阶段：从可求解的条件出发，按"递推"的逆过程，逐一求值回归，最后回归到递推开始处，求得最终结果，完成递归调用。

能否使用递归取决于：

（1）原问题能够化为接近可求解的具有相同性质的新问题。

（2）这种问题的划分必须在有限的步骤完成，即经过有限次的递归，最终获得解决。下面实例详细说明递归调用过程。

例 6-12 利用函数递归计算 n!。

算法分析：编写计算阶乘的函数 power；判断 n＝1 时，返回值 1；判断 n≥2 时，函数 power 调用 n * power(n−1)；编写主函数调用函数 power。

假设 n 的值为 5，调用过程如图 6.9 所示。

向可求解的方向递推：　　　　　　　向可求解的方向回归：

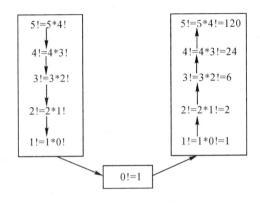

图 6.9　函数递归调用示意图

通过上图递推和回归分析，可得下面通用公式：

$$\begin{cases} f=1 & (n=0) \\ f=power(n-1)*n & (n\geqslant 1) \end{cases}$$

代码如下：

```
long  power(int  n)
{
    long  f;
    if(n==0)   f=1;
    else   f=power(n-1) * n;
    return  (f) ;
}
main()
{
    int n;
      longy;
    printf("Input  a  integer  number;");
      scanf("%d", &n);
      y=power(n);
      printf("%d! ＝%ld\n", n, y);
}
```

运行结果：

```
    Input   a   integer   number：5↙
    5!＝120
```

六、变量存储类别及其作用域

1. 局部变量和全局变量

变量有效性的范围称变量的作用域，C 语言中所有的变量都有自己的作用域。对变量说明的方式不同，其作用域也不同。C 语言中的变量按作用域范围可分为局部变量和全局变量两种。

1）局部变量

局部变量也称为内部变量。局部变量是在函数内部定义的。其作用范围仅限于该函数内，离开该函数后再使用这种变量是非法的。局部变量的例子如图 6.10 所示。

函数 f1:　　　　　　　函数 f2　　　　　　　主函数 main():

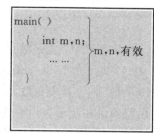

图 6.10　局部变量的例子

在函数 f1 内定义了三个变量，a 为形参，b 和 c 为一般变量，a、b、c 变量的作用域限于函数 f1 内。同理，x、y、z 的作用域限于 f2 内。m、n 的作用域限于 main 函数内。关于局部变量的作用域还需说明以下几点：

（1）main 函数中定义的变量只在 main 函数中有效，不能在其他函数中使用。同时，main 函数中也不能使用其他函数中的变量。因为 main 函数也是一个函数，它与其他函数是平行关系。

（2）在不同函数中可以定义相同名称变量，它们代表不同的变量，占用不同内存单元，互不干扰，也不会发生混淆。

（3）形参变量属于被调函数的局部变量，实参变量属于主调函数的局部变量。

（4）可定义在复合语句中定义有效的变量。

（5）局部变量可用存储类型：auto、register 和 static（默认为 auto）。

例 6－13　识别局部变量的作用域和使用范围。

代码如下：

```
#include "stdio.h"
sub(int x, int y)
{
    int a, b;
    a＝x＋3;
    b＝y＋3;
    printf("sub:a＝%d, b＝%d\n", a, b);}
main()
```

```
        {
            int a, b;
            a=3;
            b=4;
            printf("main:a=%d, b=%d\n", a, b);
            sub(a, b);
            printf("main:a=%d, b=%d\n", a, b);
        }
```

运行结果：

  main:a=3，b=4

  sub:a=6，b=7

  main:a=3，b=4

  在该程序中，主函数定义了两个变量 a、b，分别赋值为 3、4，通过函数调用传递给形参 x、y，即 x 值为 3，y 值为 4。函数 sub 中定义了两个变量 a 和 b，通过运算后，a 的值为 6，b 的值为 7，所以函数 sub 中输出结果是 a=6，b=7，而主函数中的两个变量 a 和 b，其作用范围仅在此函数内有效，而且本次函数调用属于值传递，因此 main 函数中 a、b 的值在调用 sub 函数前和后结果都是 a=3，b=4。

  2）全局变量

  全局变量也称为外部变量，它是在函数外部定义的变量。它不属于哪一个函数，它属于一个源程序文件，其作用域是整个源程序。在函数中使用全局变量应作全局变量说明。只有在函数内经过说明的全局变量才能起作用，全局变量的说明符为 extern。但在一个函数之前定义的全局变量，在该函数内或后面的函数内使用可不加以说明。全局变量的例子如图 6.11 所示。

函数 f1：   函数 f2：   主函数 main()：

图 6.11　全局变量的例子

  通过上面的例子可以看出 a、b、x、y 都是在函数外部定义的变量，都属于全局变量。但 x、y 定义在函数 f1 之后，而在 f1 内又没有对 x、y 说明，因此它们在 f1 内无效。b、c 定义在源程序最前面，因此在 f1、f2 及 main 函数内不用说明也可以使用。关于全局变量还需说明以下几点：

  (1) 有效范围：从定义变量的位置开始到本源文件结束。

  (2) 外部变量说明：

    extern   数据类型   变量表；

  (3) 外部变量定义与外部变量说明不同。

（4）若外部变量与局部变量同名，则外部变量被屏蔽。

（5）外部变量可用存储类型：缺省或 static。

例 6-14　输入 10 个学生的程序设计基础期末成绩，找出考取最高分、最低分和平均分，利用定义全局变量实现该程序。

代码如下：

```
# include "stdio. h"
float max, min;
float average(float array[], int n)
{
    int i;
    float   sum＝array[0];
    max＝min＝array[0];
    for(i＝1;i＜n;i＋＋)
    {   if(array[i]＞max) max＝array[i];
        if(array[i]＜min) min＝array[i];
        sum＋＝array[i];
    }
    return(sum/n);
}
main()
{
    int i;
    float ave, score[10];
    for(i＝0;i＜10;i＋＋)
    scanf("%f", &score[i]);
  ave＝average(score, 10);
  printf("max＝%6.2f\nmin＝%6.2f\naverage＝%6.2f\n", max, min, ave);
}
```

运行结果如图 6.12 所示。

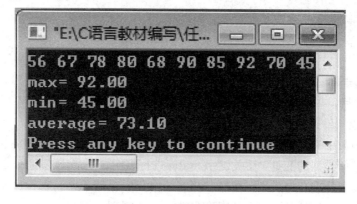

图 6.12　运行结果(3)

在该程序中，函数 average 的功能是最高分、最低分和平均分，但该函数通过 return 只返回平均分，而最高分和最低分是通过全局变量 max 和 min 存储并输出结果。

例 6-15 局部变量与全局变量同名。

代码如下：

```
#include <stdio.h>
int a=3, b=5;
max(int  a, int b)
{  int c;
   c=a>b? a:b;
   return(c);
}
main()
{  int a=8;
   printf("max=%d", max(a, b));
}
```

运行结果：

max=8

本程序中，主函数中定义了局部变量 a，全局变量 a 失效，所以 a 值为 8，变量 b 为全局变量，所以 b 值为 5，相应值传递给形参 a 和 b 后进行比较找出最大值，因此 max 函数返回值为 8。

2. 静态变量和动态变量

从另外一个角度看，C 语言中的变量按存在时间（即生存期）来分，可以分为动态变量和静态变量。

1）动态变量

函数中的局部变量，若不加以任何声明或者专门声明为 auto 存储类型，都是动态的分配存储空间，相应的数据都存储在动态存储区中。函数中的形参和在函数中定义的变量及复合语句中定义的变量都属于动态变量，在调用该函数时，系统会临时动态的为这些变量分配相应的存储空间。当函数调用结束时就会自动释放这些存储空间。例如：

```
int f(int x)
{ auto int y, z=5;
  ...
  }
```

x 是形参属于动态变量，y 和 z 是函数中定义的变量，也属于动态变量，对 z 赋值为 5。当执行完函数 f 后，系统会自动释放 x、y、z 所占的存储空间。

2）静态变量

有时希望函数中局部变量的值在函数调用结束后不消失而保留原值，这时应该指定局部变量为静态存储类型的变量，用关键字 static 进行声明。对静态变量还需说明以下几点：

静态变量属于静态存储类别，在静态存储区内分配存储单元。在程序整个运行期间都不释放存储空间；而动态变量属于动态存储类别，占用动态存储空间，函数调用结束后就释放存储空间。

静态变量在编译时赋初值，即只赋初值一次，具有可继承性；而对动态变量赋初值是在函数调用时进行的，每调用一次函数会重新给赋一次值，相当于执行一次赋值语句。

例 6 - 16　动态变量与静态变量的使用及值的变化。

代码如下：

动态变量：

```
# include "stdio. h"
void   increment(void)
{
  int x=0;
  x++;
  printf("%d\n", x);
}
main()
{
  increment();
  increment();
  increment();
}
```

静态变量：

```
# include "stdio. h"
void   increment(void)
{
    static int x=0;
    x++;
    printf("%d\n", x);
}
main()
{
  increment();
  increment();
  increment();
}
```

动态变量和静态变量的运行结果分别如图 6.13 和图 6.14 所示。

图 6.13　动态变量的运行结果

图 6.14　静态变量的运行结果

上面第一个程序中，main 函数调用三次 increment()函数，每次调用都是重新给 x 变量赋初值，然后执行后面的代码，当该函数结束时输出当前 x 的值为 1，便将 x 所占用的存储空间释放掉，下次调用该函数再重新分配存储空间。而上面第二个程序中，main 函数同样调用三次 increment()函数，但是每次调用完 increment()函数都会保留上次调用结束时 x 的值，即 x 变量占用的存储空间不会释放掉，直到整个程序结束为止。

3. 变量的其他存储类别

1) register 变量

为了提高效率，C 语言允许将局部变量的值放在 CPU 的寄存器中，这种变量称为寄存器变量，该变量能提高各种操作运算速度，用关键字 register 做声明。对 register 变量还需说明以下几点：

(1) 只有局部 auto 变量和形式参数可以作为寄存器变量。

(2) 一个计算机系统中的寄存器数目有限，不能定义任意多个寄存器变量。

(3) 局部静态变量不能定义为寄存器变量。

例 6-17 寄存器变量的使用和值的变化。

```c
#include "stdio.h"
int fun(int n)
{
    register int i,f=1;
    for(i=2;i<=n;i++)
    f=f*i;
    return f;
}
main()
{
    int i;
    for(i=2;i<=4;i++)
      printf("%d! =%d\n", i,fun(i));
}
```

运行结果如图 6.15 所示。

图 6.15 运行结果(4)

2) 用 extern 声明外部变量

外部变量(即全局变量)在函数的外部定义，它的作用范围从变量定义处开始，一直到本程序文件的末尾。如果外部变量不在文件的开头定义，其有效的作用范围只限于定义到文件结束。如果在定义点之前的函数想引用该外部变量，则应该在引用之前用关键字 extern 对该变量做"外部变量声明"，表示该变量是一个已经定义的外部变量，有了这个声明，就可以从声明处起，合法的使用该外部变量。

例 6-18 用 extern 声明外部变量，扩展变量的作用域。

代码如下：

```c
#include "stdio.h"
main()
{    void  gx(), gy();
     extern  int x, y;
     printf("1：x=%d\ty=%d\n", x, y);
     y=246;
     gx();
     gy();
}
void  gx()
{    extern  int  x, y;
     x=135;
     printf("2：x=%d\ty=%d\n", x, y);
}
int x, y;
void  gy()
{    printf("3：x=%d\ty=%d\n", x, y);
}
```

运行结果如图 6.16 所示。

图 6.16 运行结果(5)

本程序中第十五行定义了全局变量 x 和 y，但由于全局变量定义的位置在 main 函数和 gx 函数之后，因此本来在 main 函数和 gx 函数中不能引用全局变量 x 和 y。现在我们分别在 main 函数和 gx 函数中用 extern 对变量 x 和 y 进行"外部变量声明"，就可以从声明处起合法地使用该外部变量 x 和 y。

七、内部函数与外部函数

函数在本质上是全局的，因为一个函数要被其他的函数调用，但是也可以指定函数不能被其他 C 源文件调用，根据函数能否被其他 C 源文件调用，将函数区分为内部函数和外部函数。

1. 内部函数

内部函数是指一个函数只能被所在的 C 源文件中其他函数调用。内部函数又称为静态函数。在定义内部函数时，在函数名和函数类型的前面加 static，定义格式如下：

　　　static 类型标识符 函数名（形参表）

使用内部函数可以使函数只局限于所在文件，如果在不同的文件中有同名的内部函数，将互不干扰。这样不同的人可以分别编写不同的函数，而不必担心所用函数是否会与其他文件中函数同名，一般情况下只能由同一文件使用的函数和外部变量放在一个文件中，在它们前面都用 static 使之局部化，而其他文件不能引用。

例 6 - 19 使用内部函数解决两个文件中存在重名函数问题。

代码如下：

文件 "file0. c"：

```
# include "stdio. h"
static int mul(int a, int b, int c)
{
    int m;
    m=a * b-c;
    return m;
}
```

文件 "file1. c"：

```
# include <stdio. h>
# include "file0. c"
int mul(int a, int b)
{
    int m;
    m=a * b;
    return m;}
main()
{
    int x, y, m, z;
    scanf("%d, %d", &x, &y);
    m=mul(x, y);
    printf("m=%d\n", m);
    scan("%d, %d, %d", &x, &y, &z);
    m=mul(x, y, z);
    printf("m=%d\n", m);
}
```

运行结果：输入 2，3↙，输出 m=6；输入 2，3，5↙，输出 m=1。

在该程序中，文件"file1. c"中可以调用文件"file0. c"中的 mul 函数，但两个文件中都存在 mul 函数，函数名相同。解决办法就是在文件"file0. c"中的 mul 函数前加上 static，使 mul 函数成为内部函数，只能在文件"file0. c"中调用。

2. 外部函数

在需要调用该函数的文件中，用 extern 声明所用的函数是外部函数。在定义函数时，如果在函数首部的最左端冠以关键字 extern，则表示该函数是外部函数，可供其他 C 源文件调用。定义格式如下：

　　　　extern 类型标识符 函数名(形参表)

　　例如：

　　　　extern int fun(int x, int y)

　　如此定义，函数 fun 就可以为其他 C 源文件调用。在 C 语言中，如果在定义函数时省略 extern，则隐含为外部函数。本任务前面所介绍的函数都是外部函数。

　　例 6‑20　使用外部函数解决一个文件调用其他文件中函数问题。

　　代码如下：

文件"file0. c"

```
# include "stdio. h"
extern int diff(int a，int b)
{int n;
n＝a－b;
return n;
}
```

文件"file1. c"

```
# include <stdio. h>
# include "file 0. c"
int sum(int a，int b)
{
    int m;
    m＝a＋b;
    return m;
}
main()
{
    extern int diff(int a，int b);
    int x，y，z，m;
    scanf("%d，%d"，&x，&y);
    m＝sum(x，y);
    printf("m＝%d\n"，m);
    z＝diff(x，y);
    printf("z＝%d\n"，z);
}
```

　　运行结果：输入 3，5↙，输出 m＝8，z＝－2。

　　在该程序中，为了在文件"file1. c"中可以调用文件"file0. c"中的 diff 函数，在 diff 函数前加上 extern，使 diff 函数成为外部函数，在文件"file1. c"中也可以调用。

 任务实施

　　通过前面讲解的函数定义、函数一般调用、函数参数传递、变量作用域等知识，已经具备了实现模拟 ATM 机存取款操作的知识，采用函数的一般调用方式来完成该程序。

一、总体分析

　　根据"模拟 ATM 机存取款操作"功能分析，main 函数调用其他自定义函数，具体操作流程图如图 6.17 所示。

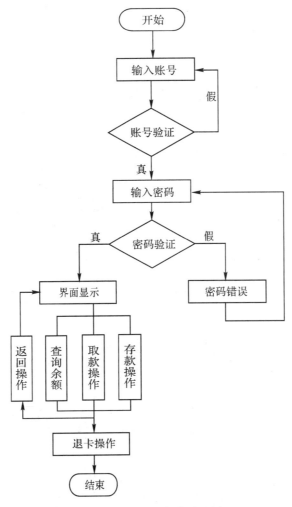

图 6.17　ATM 机操作流程图

二、功能实现

1. 编码实现

代码如下：

```c
#include "stdio. h"
#include <stdlib. h>
int inputzhanghao();//输入账号
int inputpassword();//输入登录密码
void menu();//菜单
void qukuan();//取款
void cunkuan();//存款
int money=30000;//钱
void main()
```

```
{
    int zhanghao, password;
    zhanghao＝inputzhanghao();
    if(zhanghao)password＝inputpassword();
    if(password＝＝123456)
        menu();
    else
        printf("对不起，卡已被锁定\n");
}
int inputzhanghao()
{
    int zhanghao＝0;
    do
        {
        printf("请输入账号:");
        scanf("%d", &zhanghao);
        if(zhanghao!＝10010)printf("输入账号有误，请重新输入!\n");
        }while(zhanghao!＝10010);
    return zhanghao;
}
int inputpassword()
{
    int password＝0;
    int pn＝0;
    printf("请输入密码(6 位整):");
    scanf("%d", &password);
    pn++;
    while(password!＝123456&&pn<＝3)
{
    if(pn>＝3)
    {
        printf("对不起，输错密码超过 3 次，卡被锁定，请联系客服!（客服热线:95566)\n");
        break;
    }
    if(password!＝123456) printf("对不起，密码错误，请重新输入!\n");
        printf("请输入密码(6 位整):");
        scanf("%d", &password);
    pn++;
    }
    return password;
}
void menu()
```

```
{   int choose=0;
    printf("* * * * * * * * * * * * * * * * * * * * * * * \n");
    printf("* * * * * * 欢迎使用中国银行自助服务 * * * * * * \n");
    printf("*   1 查询   2 取款   3 存款    0 退出    * \n");
    printf("* * * * * * * * * * * * * * * * * * * * * * * \n");
    printf("请输入您的选择:");
    scanf("%d", &choose);
    switch(choose)
    {   case 1:printf("您选择的是查询! \n");
            printf("您的账户余额是%d 元\n", money);menu();break;
        case 2:printf("您选择的是取款! \n");printf("取款菜单\n");qukuan();break;
        case 3:printf("您选择的是存款! \n");printf("存款菜单\n");cunkuan();break;
        case 0:printf("您选择的是退出! \n");printf("请取走您的卡片\n");exit(0);
        default: printf("您的输入有误! \n");
    }
}
void qukuan()
{
int jine, select;
printf("* * * * * * * * * * * * * * * * * * * * * * * * \n");
printf("* 欢迎进入中国银行取款菜单          * \n");
printf("*   1 100   2 300   3 500   4 1000   * \n");
printf("*   5 2000   6 5000   7 请输入金额   * \n");
printf("*   0 退出                          * \n");
printf("* * * * * * * * * * * * * * * * * * * * * * * * \n");
printf("请输入您的选择:");
scanf("%d", &select);
switch(select)
{ case 1:if(money>=100)
        {money-=100;printf("正在出钞,请稍后......");system("pause");}
        else
        printf("余额不足");qukuan();break;
    case 2:if(money>=300)
        {money-=300;printf("正在出钞,请稍后......");system("pause");}
        else
        printf("余额不足");qukuan();break;
    case 3:if(money>=500)
        {money-=500;printf("正在出钞,请稍后......");system("pause");}
        else
        printf("余额不足");qukuan();break;
    case 4:if(money>=1000)
```

```
            {money-=1000;printf("正在出钞,请稍后......");system("pause");}
         else
            printf("余额不足");qukuan();break;
      case 5:if(money>=2000)
            {money-=2000;printf("正在出钞,请稍后......");system("pause");}
         else
      printf("余额不足");qukuan();break;
      case 6:if(money>=5000)
            {money-=5000;printf("正在出钞,请稍后......");system("pause");}
         else    printf("余额不足");qukuan();break;
      case 7:printf("请输入您的取款金额:");
         scanf("%d",&jine);
         if(money>=jine)
            {money-=jine;printf("正在出钞,请稍后......");system("pause");}
         else printf("余额不足");qukuan();break;
      case 0:menu();
      default:printf("输入有误! \n");}
}
void cunkuan()
{   int jinq,shur;
    printf("* * * * * * * * * * * * * * * * * * * * * * * * * * \n");
    printf("*欢迎进入中国银行存款菜单            * \n");
    printf("*    1 100   2 300   3 500   4 1000     * \n");
    printf("*      5 2000   6 5000   7 请输入金额 * \n");
    printf("*      0 退出                        * \n");
    printf("* * * * * * * * * * * * * * * * * * * * * * * * * * \n");
    printf("请输入您的选择:");
    scanf("%d",&shur);
    switch(shur)
        {case 1:money+=100;printf("存钱中,勿打扰.....");system("pause");cunkuan();
break;
        case 2:money+=300;printf("存钱中,勿打扰.....");system("pause");cunkuan();break;
        case 3:money+=500;printf("存钱中,勿打扰.....");system("pause");cunkuan();break;
        case4:money+=1000;printf("存钱中,勿打扰.....");system("pause");cunkuan();break;
        case5:money+=2000;printf("存钱中,勿打扰.....");system("pause");cunkuan();break;
        case6:money+=5000;printf("存钱中,勿打扰.....");system("pause");cunkuan();break;
        case7:printf("请输入您的存款金额:");scanf("%d",&jinq);
            money+=jinq;printf("存钱中,勿打扰.....");system("pause");cunkuan();break;
        case 0:menu();break;
        default:printf("输入有误! \n");}
    }
```

2. 运行调试

模拟自动 ATM 机存取款操作结果分别如图 6.18～图 6.21 所示。

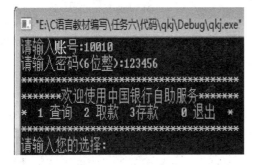

图 6.18　ATM 机主界面

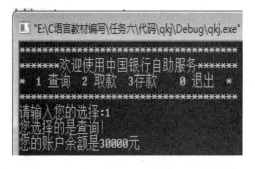

图 6.19　查询余额

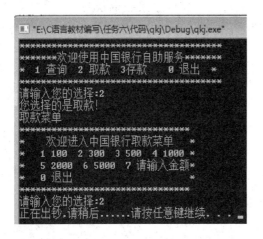

图 6.20　取款操作

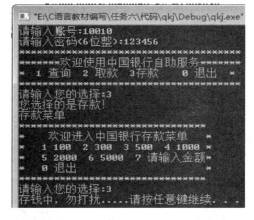

图 6.21　存款操作

【试一试】任务中如果除了实现查询余额、取款、存款、退出操作之外还需实现缴费操作，如水费、电费、煤气费等，按照上述代码如何修改？

 任务小结

通过"模拟 ATM 机存、取款操作"任务，学习了函数的定义、函数的分类、函数的一般调用、函数的特殊调用、函数的参数传递方式、并介绍了变量的存储类别和作用域。另外还介绍了 C 语言中模块化结构设计的思想和内部函数与外部函数。

 课后习题

一、选择题

1. C 语言规定：源程序中 main 函数的位置（　　）。

A. 必须在最开始　　　　　　B. 必须在系统调用的库函数的后面

C. 可以任意　　　　　　　　D. 必须在后面

2. 以下叙述不正确的是（　　）。

A. 一个 C 程序可由一个或多个函数组成

B. 一个 C 程序必须包含一个 main 函数

C. C 程序的基本组成单位是函数

D. 在 C 程序中，注释说明只能位于一条语句的后面

3. 在调用函数时，如果用数组名作为函数调用的实参，传递给形参的是(　　)。

A. 数组的首地址　　　　　　　　B. 数组的第一个元素的值

C. 数组中全部元素的值　　　　　D. 数组元素的个数

4. 在调用函数时，如果实参是简单变量，则它与对应形参之间的数据传递方式是(　　)。

A. 单向值传递　　　　　　　　　B. 地址传递

C. 由实参传给形参，再由形参传给实参

D. 传递方式由用户指定

5. 以下正确的函数声明形式是(　　)。

A. float　fun(int x, int　y)

B. float　fun(int x；int y)；

C. float　fun(int, int)；

D. float　fun(int x, y)；

6. 有一个函数源型如下：

Test(float x,Float y)；

则该函数的返回类型为(　　)。

A. void　　　　　　B. double　　　　　C. int　　　　　D. float

7. 以下说法中正确的是(　　)。

A. C 语言程序总是从第一个定义的函数开始执行的

B. 在 C 语言程序中，要调用的函数必须在 main 函数中定义

C. C 语言程序总是从 main 函数开始执行的

D. C 语言程序中的 main 函数必须放在程序的开始部分

8. 以下叙述错误的是(　　)。

A. 变量作用域取决于变量定义语句的位置

B. 全局变量可以在函数以外的任何部位进行定义

C. 局部变量作用域可用于其他函数的调用

D. 一个变量说明为 static 存储类型，为了限制其他函数的引用

9. 在调用函数时，程序执行将跳转到(　　)。

A. 被调用函数的第一条语句　　　B. 被调用函数的最后一条语句

C. 被调用函数中的任何一条语句　D. 被调用函数的返回语句

10. 局部变量的作用域是(　　)。

A. 定义该变量的函数　　　　　　B. 定义该变量的函数和主函数

C. 定义该变量的原文件　　　　　D. 整个程序

11. 以下叙述中不正确的是(　　)。

A. 在不同的函数中可以使用相同名字的变量

B. 函数中的形式参数是局部变量

C. 在一个函数内定义的变量只在本函数范围内有效

D. 在一个函数内的复合语句中定义的变量本函数范围内有效

12. 下面描述正确的是( )。

A. 在调用函数时，实参不可以是表达式，必须是数值

B. 在调用函数时，实参和形参公用内存单元

C. 在调用函数时，将实参的值复制给形参，使实参变量和形参变量数值上相等

D. 在调用函数时，实参与形参的类型可不一致，编译器能够自动转换

13. 以下正确的函数定义形式是( )。

A. double power(int x，int y)

B. double power(int x；int y)

C. double power(int x，int y)；

D. double power(int x，y)

14. 以下程序运行结果正确的是( )。

```
main( )
{ int k=4，m=1，p；
p=func(k，m)；printf("%d，"，p)；
p=func(k，m)；printf("%d\n"，p)；
}
func(int a，int b)
{ static int m=0，i=2；
i+=m+1；
m=i+a+b；
return(m)；}
```

A. 8，17   B. 8，16

C. 8，20   D. 8，8

15. 下列关于 C 函数定义的叙述中，正确的是( )。

A. 函数可以嵌套定义，但不可以嵌套调用

B. 函数不可以嵌套定义，但可以嵌套调用

C. 函数不可以嵌套定义，也不可以嵌套调用

D. 函数可以嵌套定义，也可以嵌套调用

16. 若函数为 int 型，变量 z 为 float 型，该函数体内有语句 return(z)；，则函数返回值的类型是( )。

A. int 型   B. float 型   C. 编译出错   D. 不确定

17. 在 C 语言中，若要使定义在一个源程序文件中的全局变量只允许在本源文件中所有函数调用，而不能被其他文件使用，则该变量的存储类型是( )。

A. auto   B. static   C. extern   D. register

18. 复合语句中定义的变量的作用范围是( )。

A. 整个源文件   B. 整个函数   C. 整个程序   D. 所定义的复合语句

二、填空题

1. 从用户使用角度看，函数分为两类：_____ 函数和_____ 函数。

2. 无返回值的函数应定义为____ 类型。

3. 函数的实参传递给形参有两种方式：_____和_____。

4. 主函数中的参数是_____，自定义函数的参数是_____。

5. 在 C 语言中，凡未指定存储类别的局部变量的隐含存储类别是_____。

6. 在 C 语言中，被调函数用_____语句将表达式的值返回给调用函数。

7. C 语言变量按其作用域分为_____和_____。

8. 在 C 语言中，函数返回类型的默认定义类型是_____。

9. 在 C 语言中，形参的缺省存储类型是_____。

10. C 语言函数返回类型的默认定义类型是_____。

三、读程序写结果

1. 程序如下：

```
plus(int x, int y)
    {  int z;
        z=x+y;
        return(z);
    }
main( )
{  int a=4, b=5, c;
   c=plus(a, b);
   printf("A+B=%d\n", c);
}
```

2. 程序如下：

```
sub(int x, int y)
{  int t;
   t=x;  x=y;  y=t;  }
main( )
{  int x1=10, x2=20;
sub(x1, x2);
   printf("%d, %d\n", x1, x2);     }
```

3. 程序如下：

```
func(int a[][3])
{  int i, j, sum=0;
   for(i=0;i<3;i++)
     for(j=0;j<3;j++)
     {  a[i][j]=i+j;
       if(i==j)  sum=sum+a[i][j];}
return(sum);}
main( )
{
```

```
int a[3][3]={1,3,5,7,9,11,13,15,17};int sum;
sum=func(a);
printf("sum=%d\n", sum);}
```

4. 程序如下：

```
f(int a[])
{   int i=0;
    while(a[i]<=10)
{   printf("%d", a[i]);
    i++;}
}
main()
{   int a[]={1,5,10,9,11,7};
    f(a+1);}
```

5. 程序如下：

```
main()
{   void   increment(void);
    increment();
    increment();
    increment();
}
void   increment(void)
{   static int x=0;
    x++;
    printf("%d\n", x);
}
```

6. 程序如下：

```
int a=3, b=5;
max(int   a, int b)
{   int c;
    c=a>b? a:b;
    return(c);
}
main()
{   int a=8;
    printf("max=%d", max(a, b));
}
```

四、编程题

1. 写一个判断素数的函数，在 main 函数输入一个整数，输出是否素数的信息。

2. 定义函数返回两个数中较大的数，在 main 函数中通过调用该函数求三个数之中较大的数并输出。编写 main 函数并调用该函数。

3. 编写一个函数 int digit(int n, int k)，使它返回 n 的、从右向左的第 k 个十进制数字位值。例如，在 main 函数调用语句中的 digit(1357，2)，结果将返回 5。

4. a 是一个 2×4 的整型数组，并且各元素均已赋值。调用函数求出其中最小值 min，并将此值返回主调函数。

5. 定义一个函数 index()，其中包括两个形参：一个是字符型；另一个是字符串。该函数的返回值为整数。统计字符在字符串中出现的次数。

6. 利用函数嵌套的方法实现三个整数中最大数和最小数的差值。

7. 有 5 个人坐在一起，请问第 5 个人多少岁？他说比第 4 个人大 2 岁。请问第 4 个人多少岁，他说比第 3 个人大 2 岁。请问第 3 个人多少岁，他说比第 2 个人大 2 岁。请问第 2 个人多少岁，他说比第 1 个人大 2 岁。最后问第 1 个人，他说是 10 岁。请问第 5 个人多大？

任务七

竞赛评分程序

学习目标

【知识目标】

- 了解指针与指针变量的概念。
- 掌握指针的运算规则。
- 掌握用指针访问变量、一维数组、二维数组以及用指针处理字符串的方法。
- 掌握通过指针访问函数的方法。
- 掌握二级指针的使用。

【能力目标】

- 能够利用指针方便地访问数组、字符串、函数。
- 能够应用指针设计程序，提高程序执行效率。

【重点、难点】

- 指针的运算与使用、指针在数组中的使用及其特点。

任务简介

学校举办辅导员大赛，一共有 n 位同学报名参加。大赛中有 m 位评委，每位评委将会对 n 个作品进行打分。打分的形式不限，可以让一个评委一次打完 n 个人的分数然后轮到下一位评委打分直到结束，也可以让 m 个评委轮流给作品打分，打完第一位同学的分再轮流给第二位同学打分，以此类推直到结束。统计并显示每位参赛选手的平均得分是多少，并输出平均成绩最高的前三名同学的序号。

任务分析

本任务具有如下特性：

（1）输入参赛学生人数。人数的要求是 1～20 之间的数即可。

（2）输入评委人数。人数的要求是 1～10 之间的数即可。

（3）可选取评分模式，第一个模式是一个评委为所有参赛者打完分数后下一个评委再打分；第二个模式是几个评委轮流给每个同学打分。

（4）可选取分数制式，分数制式分为五分制、十分制、百分制。

（5）可计算各个选手的平均分并输出。

（6）输出平均分最高的三个学生的序号。

 支撑知识

熟悉竞赛评分程序的功能后，还需要先学习以下一些支撑知识。

· 指针与指针变量。

· 指针与数组。

· 指针与字符串。

· 指针与函数。

· 指针数组和二级指针。

一、指针与指针变量的概念

1. 指针

一个变量在内存中所占存储单元的地址称为该变量的指针。

在计算机中，所有的数据都存放在存储器中，一般把存储器中的一个字节称为一个内存单元，不同的数据类型所占用的内存单元数是不相等的。在任务二中详细介绍过各种数据的存储，如基本整型数据占两个单元、字符型数据占一个单元等。为了正确地访问这些内存单元，必须为每个内存单元编上号。根据一个内存单元的编号即可准确地找到该内存单元。内存单元的编号称为地址，通常也把这个地址称为指针。

内存单元的指针和内存单元的内容是两个不同的概念。例如，我们到银行去存款时，银行工作人员将根据我们填写的存单上的账号去找我们的账户单，找到之后在我们的账户上写入存款的金额。在这里，账号就是存单的指针，存款数是存单的内容。对于一个内存单元来说，单元的地址即为指针，其中存放的数据才是该单元的内容。如图 7.1 所示，变量 i 的指针是 2000，变量 i 的值存放在 2000 开始的两个字节中。变量 k 的指针是 2002。

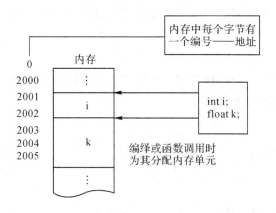

图 7.1 指针

2. 指针变量

在C语言中，允许用一个变量来存放指针，这种变量称为指针变量。如图7.2所示，变量p的地址是2004，在给变量p分配的空间中存放的是整型变量i的地址2000，那么，变量p就称为指针变量，通常称指针变量p指向变量i。

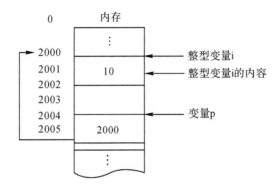

图7.2 指针变量

1）& 与 * 运算符

(1) &：取变量的地址，单目运算符，结合性是自右向左。

(2) *：取指针所指向的变量，单目运算符，结合性是自右向左。

如图7.3所示，p是指针变量，*p是p所指向的变量。例如：

    p = &i = &(*p) = 2000；
    i = *p = *(&i) = 10；

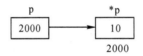

图7.3 指向的变量

2）指针变量的定义

在C语言中，所有变量都必须先定义后使用，指针变量也不例外。指针变量定义的一般格式为：

    类型标识符 * 指针变量名；

说明："*"表示这是一个指针变量，变量名为定义的指针变量名；类型标识符用来指定指针变量可以指向的变量的类型。

例如：

    int   * p1, * p2;
    float * q;
    char * name;

注意：指针变量只能指向定义时所规定类型的变量。

3）指针变量的初始化

指针变量定义后，变量值不确定，应用前必须先赋值。未赋值的指针变量直接使用，可造成系统混乱，甚至发生死机。指针变量只能存放地址。指针变量初始化的一般形式为：

数据类型　＊指针名＝初始地址值；

例7-1　指针变量的初始化。

代码如下：

```
main(  )
{
    int i=10;
    int * p;
    p=&i;
    printf("%d\n", * p);
    printf("%d", i);
}
```

程序的运行结果为：

```
10
10
```

说明：p是指针变量，p的值是 &i，则 p 指向的就是变量 i，＊p 就是变量 i，最后两条输出语句的意义是一样的，输出的都是 i 的值，即 10。

例7-2　输入两个数，并使其按照从大到小的顺序输出。

代码如下：

```
main()
{
    int * p1, * p2, * p, a, b;
    scanf("%d, %d", &a, &b);
    p1=&a;  p2=&b;
    if(a<b)
    {
        p=p1; p1=p2; p2=p;}
        printf("a=%d, b=%d\n", a, b);
        printf("max=%d, min=%d\n", * p1, * p2);
    }
}
```

当输入 a＝5、b＝9 时，由于 a＜b，p1 和 p2 进行交换，交换前如图 7.4(a)所示，交换后如图 7.4(b)所示。

程序的运行结果为：

```
5,9↙
a=5，b=9
max=9，min=5
```

注意：程序中 a、b 未进行交换，交换的是 p1、p2 的值，p1、p2 值的变化改变了指针变

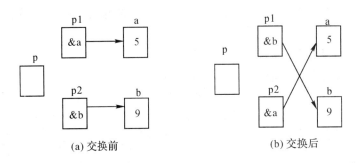

(a) 交换前   (b) 交换后

图 7.4　p1 和 p2 交换前后

量的指向,最终输出的值发生了变化。

4) 指针变量作为函数参数

例 7 - 3　两个数字按照从大到小输出的操作,如果用函数实现,读者可能写出如下的代码:

```c
swap(int x, int y)
{
    int temp;
    temp=x;
    x=y;
    y=temp;
}
main()
{
    int a, b;
    scanf("%d, %d", &a, &b);
    if(a<b)
        swap(a, b);
    printf("\n%d, %d\n", a, b);
}
```

程序的运行结果为:

7, 9↙

7, 9

程序并未实现两个数字的交换。原因是程序在执行时,实参和形参分别分配不同的存储空间,实参 a、b 的值传递给了形参 x、y,x 的值是 7,y 的值是 9,在 swap 函数中 x 和 y 的值进行了交换,但是当 swap 函数被调用完后,x 和 y 的空间被释放掉,返回到 main 函数输出 a、b 的值,仍旧是 7、9,因为 a、b 空间的值一直没有变过。

函数的参数不仅可以是整型、实型、字符型等数据,还可以是指针类型。

如果使用指针完成上述程序,可写出如下代码:

```
swap(int * p1, int * p2)
{
    int p;
    p= * p1;
    * p1= * p2;
    * p2=p;
}
main()
{
    int a, b;
    int * pointer_1, * pointer_2;
    scanf("%d, %d", &a, &b);
    pointer_1=&a;   pointer_2=&b;
    if(a<b)
       swap(pointer_1, pointer_2);
    printf("\n%d, %d\n", a, b);
}
```

程序的运行结果为：

7, 9↙

9, 7

程序运行示意图如图 7.5 所示。

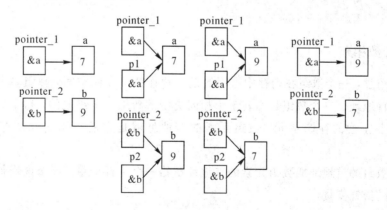

图 7.5 程序运行示意图

swap 函数是自定义函数，其功能是实现两个变量值的交换。函数有两个形参 p1 和 p2，均为指针变量。程序运行从 main 函数开始，首先给 a 和 b 输入值，根据图 7.5，a 的值是 7，b 的值是 9，然后将 a 的地址赋给 pointer_1，将 b 的地址赋给 pointer_2，则 pointer_1 指向 a，pointer_2 指向 b。由于 a<b，则调用 swap 函数，将实参 pointer_1 和 pointer_2 的值传递给形参。p1 得到的是 a 的地址，p1 指向 a；p2 得到的是 b 的地址，p2 指向 b。执行 swap 函数的函数体，使 * p1 和 * p2 的值进行交换，即 a 和 b 的值进行交换，交换后 a 的值为 9，b 的值为 7。swap 函数执行完后，程序执行的流程返回主函数进行输出，同时释放

swap 函数被调用时分配给 p1、p2 的空间，输出结果是已经交换后的值，a 的值是 9，b 的值是 7。函数传递过程进行的是地址传递。如果将 swap 函数做如下修改：

```
swap(int * p1, int * p2)
{
  int * p;
  * p= * p1;
  * p1= * p2;
  * p2= * p;
}
```

则程序编译后有警告提示，说明运行结果不对，原因是指针变量 p 在使用前没有赋值，即 p 的值不可预见，那么对 p 的赋值可能会破坏系统的正常工作，造成系统混乱，甚至发生死机。正确的程序代码为：

```
swap(int * p1, int * p2)
{
  int * p;
  int x;
  int * p= & x;
  * p= * p1;
  * p1= * p2;
  * p2= * p;
}
```

二、指针与数组

前文介绍过，一个数组在内存中占用的是一片连续的存储空间，数组名是这块连续的存储空间的首地址。一个数组是由若干个相同类型的数组元素组成的，每个数组元素按其类型占用几个连续的存储单元，数组元素的首地址就是它所占用的几个存储单元的首地址。

如果将数组的首地址或数组元素的首地址赋给一个指针变量，那么该指针变量就是指向数组元素的指针变量。

1. 指向数组元素的指针

定义一个指向数组元素的指针变量的方法，与前面介绍的指向变量的指针变量的方法相同。例如：

```
int a[10];
int * p;
p= & a[0];
```

其中，指针变量 p 的类型是 int，数组 a 的类型也是 int，二者类型必须一致。代码将 a[0] 元素的地址赋给了指针变量 p，p 指向了 a 数组的第一个数组元素。由于数组名指的是数组在内存中开辟存储空间的首地址，即 &a[0]==a，所以以下两条语句完全等价：

p=&a[0];

p=a;

2. 指针变量的运算

1) 指针变量的赋值运算

若有如下定义：

int a, array[10], * p, * p1, * p2;

则如下语句可以执行：

p=&a;　　　　　/ * 将变量 a 的地址赋给 p * /

p=array;　　　　/ * 将数组 array 的首地址赋给 p * /

p=&array[i];　　/ * 将数组元素 array[i]的地址赋给 p * /

p1=p2;　　　　　/ * 指针变量 p2 的值赋给 p1、p2 之前应被赋过值 * /

2) 指针变量的算术运算

指向数组的指针变量可以加上或减去一个整数 i。有如下表示：

$$p\pm i \Leftrightarrow p\pm i * d$$

其中，i 为整型数，d 为 p 指向的变量所占字节数，p++、p−−、p+i、p−i、p+=i、p−=i 等都是合法的表达式。

p 指向 int 型数组，如图 7.6 所示。其中，并且 p=&a[0]，p+1 就是 p 向后移动 1 * 2 个字节，即 p 指向 a[1]。

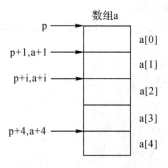

图 7.6　p 指向 int 型数组

例 7 - 4　有一程序代码如下：

int a[10];

int * p=&a[2];

p++;

* p=1;

执行该程序，p 指向数组元素 a[2]，执行 p++后，p 向后移动 2 个字节，指向 a[3]，最后给 * p 赋值，其实就是给 a[3]赋值，最后 a[3]的值是 1。

3) 指针变量的关系运算

指向同一数组的两个指针变量进行关系运算可表示它们所指数组元素之间的关系。有以下两种情况：

（1）若 p1 和 p2 指向同一数组，则 p1＜p2 表示 p1 指的元素在前；p1＞p2 表示 p1 指的元素在后；p1＝＝p2 表示 p1 与 p2 指向同一元素。

（2）若 p1 与 p2 不指向同一数组，比较无意义。

指针变量除了相互之间进行比较外，还可以与 0 进行比较。p＝＝NULL 表示 p 是空指针，它不指向任何变量；p!＝NULL 表示 p 不是空指针，空指针是对指针变量赋值为 0 而得到的。

3. 通过指针访问数组元素

引入指向数组元素的指针变量后，可以用以下两种方法来访问数组元素。

1）下标法

用 a[i]的形式访问数组元素。例如：

```
int a[5]＝{1, 2, 3, 4, 5}, x, y;
x＝a[2];              /＊将 a 数组的第三个元素的值赋给 x ＊/
y＝a[4];              /＊将 a 数组的第五个元素的值赋给 y ＊/
int ＊p;
p＝a;                 /＊p 指向数组的第一个数组元素 ＊/
x＝p[2];              /＊等价于 x＝a[2]，将 a 数组的第三个元素的值赋给 x ＊/
y＝p[4];              /＊等价于 y＝a[4]，将 a 数组的第五个元素的值赋给 y ＊/
```

2）指针法

对于指向数组 a 首地址的指针变量 p，数组 a 的第 i 个元素的地址为 &a[i]、p＋i 或 a＋i，＊(p＋i)或＊(a＋i)就是 a[i]的值。

例 7－5 采用＊(p＋i)或＊(a＋i)的形式访问数组元素。

代码如下：

```
main()
{
    int a[5], ＊pa, i;
    for(i=0;i<5;i++)
      a[i]＝i+1;
    pa＝a;
    for(i=0;i<5;i++)
        printf("＊(pa＋%d):%d\n", i, ＊(pa＋i));
    for(i=0;i<5;i++)
      printf("＊(a＋%d):%d\n", i, ＊(a＋i));
    for(i=0;i<5;i++)
      printf("pa[%d]:%d\n", i, pa[i]);
    for(i=0;i<5;i++)
      printf("a[%d]:%d\n", i, a[i]);
}
```

程序的运行结果如图 7.7 所示。

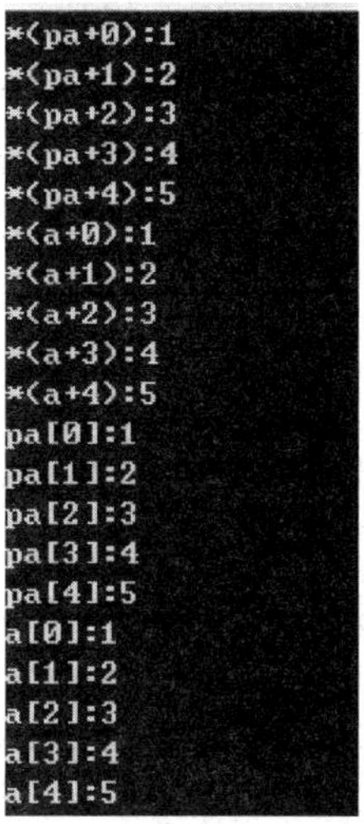

图 7.7 程序的运行结果

例 7 - 6 指针变量的运算。

代码如下：：

```
main()
{
    int a []={5,8,7,6,2,7,3};
    int y, * p=&a[1];
    y=( * − −p)++;
    printf("%d", y);
    printf("%d", a[0]);
}
```

程序的运行结果为：

    5   6

其中，指针变量 p 初始化时指向 a[1]，执行语句 y=(* − −p)++;。由于− −和 * 运算符的优先级一样，结合方向是自右向左，所以先将 p 做自减 1 运算，指向 a[0]后，再取 a[0]的值做自加 1 运算后赋值给 y，即 y 的值为 6，a[0]的值没有变过，即 5。

程序在执行时要注意指针的当前值。例如：

```
main()
{   int i, * p, a[7];
    p=a;
    for(i=0;i<7;i++)
       scanf("%d", p++);
    printf("\n");
    p=a;
    for(i=0;i<7;i++, p++)
    printf("%d", * p);
}
```

其中，初始化时执行 p＝a;，使指针变量 p 指向了数组的开头，第一个 for 循环的功能是给数组的 7 个数组元素输入值，当第一个 for 循环执行完后，指针变量指到数组后的内存单元，如果直接执行 for 循环输出，输出的是数组后内存单元中的值，结果不可预期。所以再次执行赋值语句 p＝a;使指针变量重新指向数组的开头，执行第二个 for 循环输出数组 a 各个元素的值。

4. 数组名作为函数参数

数组名指的是数组在内存中开辟存储空间的首地址。数组名作为函数参数，进行的是地址传递。形参和实参指向相同的数组。

例 7－7 将数组 a 中的 n 个整数按相反顺序存放。

代码如下：

```
void inv(int x[], int n)
{
    int t, i, j, m＝(n－1)/2;
    for(i=0;i<=m;i++)
    {
        j=n-1-i;
        t=x[i]; x[i]=x[j]; x[j]=t;
    }
}
main()
{
    int i, a[10]={3, 7, 9, 11, 0, 6, 7, 5, 4, 2};
    inv(a, 10);
    printf("The array has been reverted:\n");
    for(i=0;i<10;i++)
    printf("%d, ", a[i]);
    printf("\n");
}
```

此例的算法是将数组中的数组元素进行两两交换，a[0] 与 a[n－1] 交换，a[1] 与 a[n－2] 交换，直到 a[int((n－1)/2)] 与 a[n－int((n－1)/2)－1] 交换。处理时可设置两个循环变量 i 和 j，i 的初始值为 0，j 的初始值为 n－1，进行 a[i] 与 a[j] 的交换，然后使 i 进行自加 1 运算，j 进行自减 1 运算，再将 a[i] 与 a[j] 的值交换，直到 i＝(n－1)/2 为止。

程序的运行结果为：

The array has been reverted:

2，4，5，7，6，0，11，9，7，3

自定义函数 inv 有两个形参：一个是数组 x；另一个是用来存放将操作的数组元素个数的变量 n，函数体完成对数组 x 中 n 个数组元素的逆序存放功能。在 main 函数中执行语句 inv(a，10);，就是要调用 inv 函数，a 和 10 是实参，将 a 传给 x，数组 x 和数组 a 的首地址相同，进而完成对 a 数组中 10 个数组元素逆序排列的操作。自定义函数调用返回后将输出逆序后的数组元素的值。

程序传递的是地址，自定义函数 inv 可定义指针变量作为形参来接收地址。例如：

```
void inv(int * x, int n)
{
    int t, * p, * i, * j, m=(n−1)/2;
    i=x;
    j=x+n−1;
    p=x+m;
    for(;i<=p;i++, j−−)
    {
        t= * i; * i= * j; * j=t;
    }
}
```

其中，x 是指针变量，在接收到数组 a 的首地址后，指向 a[0]，x+1 指向 a[1]，x+m 指向 x[m]，* x 就是指针变量指向的数组元素。

main 函数中的数组元素的首地址也可存放到一个指针变量中，将指针变量作为实参进行传递，其含义一样。main 函数可改写为：

```
main()
{
    int i, a[10], * p=a;
    for(i=0;i<10;i++, p++)
    scanf("%d", p);

    p=a;
    inv(p, 10);
    printf("The array has been reverted:\n");
    for(p=a;p<a+10;p++)
        printf("%d", * p);
}
```

5. 指针与二维数组

1）二维数组的地址的表示方法

二维数组 int a[3][4];的示意图如图 7.8 所示。

a[0]	0	1	2	3
a[1]	4	5	6	7
a[2]	8	9	10	11

图 7.8　二维数组的示意图

C 语言允许将二维数组分解为多个一维数组处理。若把二维数组的每一行看成一个整体，即看成一个数组中的一个数组元素，则可以理解为数组 a 由 a[0]、a[1] 和 a[2] 三个数组元素组成，而 a[0]、a[1] 和 a[2] 每个元素又分别是由四个整型元素组成的一维数组。数组 a[0] 中包含的四个元素分别为 a[0][0]、a[0][1]、a[0][2] 和 a[0][3]，其他依次类推。

数组名是一个地址常量，其值为数组第一个元素的地址，如图 7.9 所示。在如图 7.8 所示的二维数组中，a[0]、a[1] 和 a[2] 都是一维数组名，同样也代表一个不可变的地址变量，其值依次为二维数组每行第一个元素的地址，即 a、a[0] 和 &a[0][0] 三者的值相等，等于 2000；a[1] 与 &a[1][0] 的值相等，等于 2008；a[2] 与 &a[2][0] 的值相等，等于 2016。根据前面内容介绍，*a 的值与 a[0] 等价，值为 2000；a+1、*(a+1) 与 a[1] 的值相等，值为 2008。由此可得出：a+i、*(a+i)、a[i] 和 &a[i][0] 是等同的，都代表二维数组中第 i 行的首地址。

因为二维数组的每一行都是一个一维数组，a[0] 可以看成 a[0]+0，表示一维数组 a[0] 的第一个数组元素的地址，a[0]+1 则是 a[0] 第二个数组元素的地址，a[i]+j 是一维数组 a[i] 第 j+1 个数组元素的地址，等于 &a[i][j]。根据行地址的表示，a[i]+j 还可表示为 *(a+i)+j。

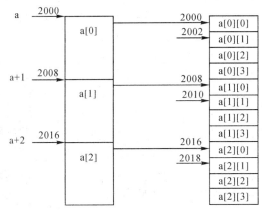

图 7.9　二维数组的地址的表示方法

2）二维数组的指针变量

按照指向一维数组的指针的处理方式可以处理二维数组，因为内存中没有二维的概念，二维数组在内存中是按照先行后列依次存放的。

例 7-8　用指针变量输出二维数组中各个数组元素的值。

代码如下：

```
main()
{
    int a[3][4]={1, 3, 5, 7, 9, 11, 13, 15, 17, 19, 21, 23};
    int * p;
    for(p=a[0];p<a[0]+12;p++)
    {
        if((p-a[0])%4==0) printf("\n");
            printf("%4d", * p);
    }
}
```

程序的运行结果为：

```
1    3    5    7
9   11   13   15
17  19   21   23
```

除了以上方法，还可以使用指向一维数组的指针变量方便地处理二维数组。指向一维数组的指针变量的定义格式如下：

数据类型（＊指针变量）[n]；

需要注意的是，"＊指针变量"外的括号不能缺，否则就成了指针数组，指针数组在后续介绍。例如：

int（＊p）[4]；

p 的值是一维数组的首地址，p 是行指针。可让 p 指向二维数组某一行，有以下表示：

行指针变量 ＝二维数组名｜行指针变量；

又如：

int a[3][4]，（＊p）[4]＝a；

p 指向二维数组 q 的第一行，一维数组指针变量维数和二维数组列数必须相同。

例 7 - 9　用指针变量输出二维数组中各数组元素的值。

代码如下：

```
main()
{
    int a[3][4]={1, 3, 5, 7, 9, 11, 13, 15, 17, 19, 21, 23};
    int i, j, (*p)[4];
    for(p=a, i=0;i<3;i++, p++)
    {
        for(j=0;j<4;j++)
            printf("%4d", *(*p+j));
        printf("\n");
    }
}
```

程序的运行结果为：

```
1    3    5    7
9   11   13   15
17  19   21   23
```

程序中"int（＊p）[4]；"定义 p 是一个指向一维数组的指针变量，数组中包含四个数组元素，语句"p＝a;"使 p 指向二维数组 a 的第一行，p++使 p 增值，指向二维数组的下一行，p 是行指针，如图 7.10 所示。

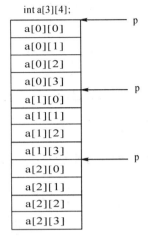

int a[3][4];

图 7.10 二维数组中的各数组元素

三、指针与字符串

1．字符数组

例如：

```
char string[ ]="hello";
```

例 7 - 10 字符数组。

代码如下：

```
main( )
{
    char string[]="Hello World!";      //数组名 string 代表字符串的首地址，如图 7.11 所示。
    printf("%s\n", string);
    printf("%s\n", string+6);
}
```

string	
H	string[0]
e	string[1]
l	string[2]
l	string[3]
o	string[4]
	string[5]
w	string[6]
o	string[7]
r	string[8]
l	string[9]
d	string[10]
!	string[11]
\0	string[12]

图 7.11 数组名 string 代表字符串的首地址

程序的运行结果为：

Hello World!

World!

2. 字符指针

C 语言中可以用字符数组来处理字符串，那么从数组和指针的关系可知，可以用指针来处理字符串。指向字符类型的指针称为字符指针。例如：

char * p="hello";

在 C 语言中，用数组来处理字符串常量，如图 7.12 所示。在内存中开辟一个连续的存储空间存放字符串，将字符串赋给指针变量 p，是指将存放字符串的字符数组的首地址赋给 p。

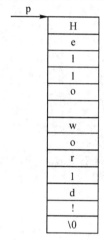

图 7.12 用数组处理字符串常量

char * p="hello";

等价于：

char * p;

p="hello";

例 7－11 字符指针。

代码如下：

```
main( )
{
    char * p="Hello World!";
    printf("%s\n", p);
    p+=6;
    while( * p! ='\0')
    {
        putchar( * p);
        p++;
    }
}
```

程序的运行结果为：

Hello World!

World!

例 7 - 12 从键盘输入任意字符串，统计字符串的长度，并输出该字符串。

代码如下：

```
main( )
{
char ch[50], * point=ch;
int length=0;
printf("input the string\n");
scanf("%s", point);
while( * point! ='\0')
{
  point++;
  length++;
}
point=point-length;
printf("length=%d, string：%s\n", length, point);
}
```

程序的运行结果为：

input the string

Hello World! ↙

length= 5 , string：Hello

　s 格式符输入时遇空格或回车结束，所以尽管从键盘输入了 Hello World，但是有效输入是 Hello，开始时 point 指向字符串"Hello"的开头。执行完循环后，point 指向串的结尾，point - length 指针再次指向字符串的开头，完成字符串的输出，输出时遇'\0'时结束。

3. 字符串指针变量与字符数组的区别

字符串指针变量与字符数组都可以处理字符串，但是二者之间是有区别的，其区别有以下几个方面。

1）分配内存

设有定义字符指针变量与字符数组的语句如下：

char * pc , str[100];

则系统将为字符数组 str 分配 100 个字节的内存单元，用于存放 100 个字符。而系统只为指针变量 pc 分配四个存储单元，用于存放一个内存单元的地址。

2）初始化赋值含义

字符数组与字符指针变量的初始化赋值形式相同，但其含义不同。例如：

char str[ ] ="I am a student!", s[200];

char * pc="You are a student!";

对于字符数组，是将字符串放到为数组分配的存储空间去，每个数组元素存放一个字符，然后将字符串的结束符号'\0'一同存放到数组元素中。而对于字符型指针变量，是先将字符串存放到内存，然后将存放字符串的内存起始地址送到指针变量 pc 中。

3）赋值方式

字符数组只能对其元素逐个赋值，而不能将字符串赋给字符数组名。对于字符指针变量，字符串地址可直接赋给字符指针变量。例如：

　　char str[60]，* pc；

　　str="I love China!"；//字符数组名 str 是常量，不能为其直接赋值。

　　pc="I love China!"；//可以将字符串地址直接赋给指针变量 pc。

4）值的改变

在程序执行期间，字符数组名表示的起始地址是不能改变的，而指针变量的值是可以改变的。例如：

　　char str[60]，* pc；

　　pc=str；

　　str=str+5；//错误

　　pc=str+5；//正确

四、指针与函数

1. 指向函数的指针

指针变量可以指向整形变量、字符串、数组、结构体，也可以指向一个函数。一个函数包括一系列指令，在编译时被分配一块存储空间，它有一个入口地址，这个入口地址就被称为函数的指针。可以用一个指针变量指向函数，然后通过该指针变量调用此函数。指向函数的指针变量定义形式如下：

　　数据类型（* 指针变量名)()；

例如：

　　int（* p)()；

其中，int 表示函数返回值的数据类型；p 专门存放函数入口地址，可指向返回值类型相同的不同函数。

可以将函数名直接赋给指向函数的指针变量，与数组名代表数组在内存中存放的起始地址一样，函数名代表该函数的入口地址。函数指针变量指向的函数必须事先被定义。假设 max 是已经定义过的函数的名称，则可以给上述定义的指向函数的指针变量赋值，即 p=max；在后续程序中，可以用 * p 代替函数名进行函数调用。

对函数指针变量 p 进行 p±n，p++、p−−等运算均无意义。

例 7-13　通过函数调用完成两个数字大小的比较。

代码如下：

```
main()
{
    int max(int , int);
    int ( * p)();
```

```
        int a, b, c;
        p=max;
        scanf("%d, %d", &a, &b);
        c=( * p)(a, b);
        printf("a=%d, b=%d, max=%d\n", a, b, c);
    }
        int max(int x, int y)
    {
            return x>y? x:y;
```

语句 int（ * p）（ ）;用来定义 p 是一个指向函数的指针变量，函数返回值为整型。注意 * p 两侧的括号不可省略，表示 p 先与 * 结合，是指针变量，然后再与后面的（ ）结合，表示此指针变量指向函数，指向的函数的返回值也必须是整型的。如果写成 int * p（ ），由于（ ）的优先级高于 * ，它就成了声明一个 p 函数，p 函数的返回值是指向整形变量的指针。

赋值语句 p ＝ max;的作用是将 max 函数的入口地址赋给指针变量 p。这时 p 就是指向 max 函数的指针变量，此时 p 和 max 都指向函数开头，调用 * p 就是调用 max 函数。但是 p 作为指向函数的指针变量，它只能指向函数入口处而不可能指向函数中间的某一指令处，因此不能用 * (p＋1)来表示指向下一条指令。

2. 用指向函数的指针作为函数参数

函数的参数可以是变量、指向变量的指针变量、数组名、指向数组的指针变量，也可以是指向函数的指针变量。使用指向函数的指针变量作为函数的参数，可以方便地实现函数调用，具体做法是编写一个通用的函数来实现各种专用的功能。

例 7－14 求三个数中最大数和最小数的差值。

代码如下：

```
    #include <stdio. h>
    int dif(int x, int y, int z);
    int max(int x, int y, int z);
    int min(int x, int y, int z);
    int process(int x, int y, int z, int ( * fun)());
    void main()
    {
        int a, b, c, d;
        scanf("%d%d%d", &a, &b, &c);
        d=process(a, b, c, dif);
        printf("max－min=%d", d);
    }
    int dif(int x, int y, int z)
    {
```

```
        return process(x, y, z, max)-process(x, y, z, min);
    }
    int max(int x, int y, int z)
    {
        int r;
        r=x>y? x:y;
        return(r>z? r:z);
    }
    int min(int x, int y, int z)
    {
        int r;
        r=x<y? x:y;
        return(r<z? r:z);
    }
    int process(int x, int y, int z, int ( * fun)())
    {
        int result;
        result=( * fun)(x, y, z);
        return result;
    }
```

程序的运行结果为：

4 2 9↙

max-min=7

程序中定义了一个通用的 process 函数，其形参设置有一个指向函数的指针变量 fun，用来接收传递过来的不同的函数的入口地址，* fun 代替函数名进行不同函数的调用。main 函数中调用 process 函数，函数名 dif 作为实参传递出去，fun 指向 dif 函数，(* fun)(x, y, z)相当于 dif(x, y, z)。在 dif 函数中，两次调用 process 函数，函数名 max 和 min 作为实参传递出去，第一次调用 fun 指向 max 函数，(* fun)(x, y, z)相当于 max(x, y, z)，第二次调用 fun 指向 min 函数，(* fun)(x, y, z)相当于 min(x, y, z)。三次调用都是给出不同的函数名作为函数的实参，定义的通用的 process 函数不需要做任何修改，这种用指向函数的指针变量代替函数名直接调用函数的方法，非常符合结构化程序设计方法的原则。

需要注意的是，在采用指向函数的指针作为函数参数时，一定要对所有用到的函数进行声明。前面介绍到在函数调用时整型函数可以不加声明直接调用，原因是调用时函数名后面跟括弧和实参，如 dif(int x, int y, int z)，编译时可根据此形式判断它是函数。而现在只用函数名作为实参，后面没有括弧和参数，编译系统无法判断它是变量名还是函数名，所以应该在调用前对函数进行声明，编译时将它们按照函数名处理，不至于出错。

3）返回指针值的函数

一个函数可以带回整型值、实型值、字符型值，也可以带回指针类型的数据，即地址。返回值是指针类型的函数，称为指针函数。

此类函数的一般定义形式为：

    类型标识符 ＊函数名(形参表)；

函数名左侧是＊运算符，右侧是( )，( )的优先级高于＊运算符，所以函数名后面的( )先结合，构成函数，函数前面的＊表示函数的返回值是指针，＊前面的类型标识符表示指针指向变量的类型。例如：

    int   ＊a (int x,Float y)

其中，a 是函数名，调用它后能得到一个指向整型数据的指针(地址)；x 和 y 是 a 函数的形参。

例 7 - 15 写一个函数，求两个 int 型变量中较大的值。

代码如下：

```
int ＊f1(int ＊x, int ＊y);
main()
{
    int a＝2, b＝3;
    int ＊p;
    p＝f1(&a, &b);
    printf("max＝%d\n", ＊p);
}
int ＊f1(int ＊x, int ＊y)
{
    if(＊x＞＊y)
        return  x;
    else
        return  y;
}
```

程序的运行结果为：

    max＝3

自定义函数 f1 的返回值是指向整型变量的指针，它的两个形参是两个指针变量。函数体的功能是通过比较两个指针变量指向的整型变量的大小，求出指向值较大的指针。main 函数中将两个整型变量 a、b 的地址传给 f1 的形参 x、y，x 指向 a，y 指向 b，通过比较＊x 和＊y 的值，因为 b＞a，所以将 y 的值返回赋给 p，p 指向 b，输出 b 的值 3。

若对程序段做如下修改：

```
int ＊f1(int x, int y);
main()
{
    int a＝2, b＝3;
    int ＊p;
    p＝f1(a, b);
    printf("max＝%d\n", ＊p);
}
```

```
int  * f1(int x, int y)
    {
        if(x>y)
            return   &x;
        else
            return   &y;
    }
```

则程序的运行结果为：

max=1638212

自定义函数 f1 的返回值是指向整型变量的指针，它有两个形参均改为整型变量，函数体的功能是通过比较两个形参的大小，将值比较大的形参的地址返回。main 函数中将两个整型变量 a、b 的值传给 f1 的形参 x、y，因为 y>x，所以将 y 的地址返回赋给 p，但是输出时，并不能得到预期的结果 3。原因是给自定义函数 f1 的形参 x、y 开辟的存储空间不同于 main 函数中变量 a、b 的空间，通过比较，返回 y 的存储空间的地址，但是在返回值的同时，f1 函数已经被调用完毕，y 的空间被释放，将空间的地址返回后输出空间中存放的值，该值已经无法确定。因此不能将返回形参或局部变量的地址作为函数返回值。

五. 指针数组和二级指针

1. 指针数组

1）概念

一个数组中若每个元素都是一个指针，则称该数组为指针数组。

2）定义格式

一维指针数组的定义形式为：

数据类型　　* 数组名[数组长度说明]；

例如：

int * p[10]；

其中，由于 p 左侧是 * 运算符，右侧是[]，[]的优先级高于 * 运算符，因此 p 先与[10]结合形成数组形式。它有 10 个数组元素，p 前面的 * 表示数组是指针类型的，每个数组元素都可以指向一个 int 型变量。

3）指针数组的初始化

指针数组的初始化程序如下：

```
main()
{
    int b[2][3], * pb[2];
    pb[0]=b[0];
    pb[1]=b[1];
    ……
}
```

指针数组的初始化过程如图 7.13 所示。

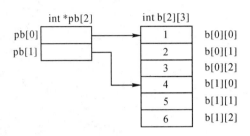

图 7.13 指针数组的初始化过程

4）指针数组的用法

指针数组比较适合用于指向多个字符串的情况，使字符串处理更加方便、灵活。

例 7－16 将三个字符串常量按字母顺序输出。

代码如下：

```
#include "stdio. h"
#include "string. h"
main( )
{
    char * ch[3]={"china","data","chinese"}, * temp;
    int i;
    if(strcmp(ch[0], ch[1])==1)
    {
        temp=ch[0];ch[0]=ch[1];ch[1]=temp;
    }
    if(strcmp(ch[0], ch[2])==1)
    {
        temp=ch[0];ch[0]=ch[2];ch[2]=temp;
    }
    if(strcmp(ch[1], ch[2])==1)
    {
        temp=ch[1];ch[1]=ch[2];ch[2]=temp;
    }
    for(i=0;i<3;i++)
        puts(ch[i]);
}
```

程序的运行结果为：

```
china
chinese
data
```

通过赋值使 ch[0]指向字符串"china"；使 ch[1]指向字符串"data"；使 ch[2]指向字符串"chinese"，如图 7.14 所示。

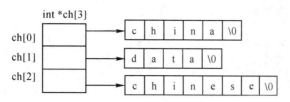

图 7.14　通过赋值指向多个字符串

　　如果用二维数组来存放多个字符串，二维数组的列数要以最长的字符串的长度为标准，这样会造成存储空间的浪费。指针数组相当于可变列长的二维数组。指针数组元素的作用相当于二维数组的行名，但指针数组中元素是指针变量，二维数组的行名是地址常量。

2. 二级指针

　　前面介绍的指针都是一级指针，一级指针指的是指针变量中存放目标变量的地址。C语言中允许定义二级指针，二级指针是指向指针的指针。二级指针并不直接存储目标变量的地址，而是存储一级指针变量的指针。例如：

```
int ＊p；
int i＝3；
p＝&i；
```

　　p 的存储空间中存放的是整型变量 i 的地址，p 直接指向整型变量 i，p 是一级指针，如图 7.15 所示。

图 7.15　一级指针

　　二级指针变量的定义格式为：

　　数据类型 ＊＊指针名；

　　指针名前面有两个＊，表示定义的是二级指针。例如：

```
int ＊＊p1；
int ＊p2；
int i＝3；
p2＝&i；
p1＝&p2；
＊＊p1＝5；
```

其中，第一个语句行定义二级指针变量 p1，＊运算符的结合方向是从右向左，所以＊＊p1 等价于＊（＊p1）。＊p1 是定义指针变量，前面的＊运算符表示指针变量 p1 是指向一个整型指针变量的。p2 是一级指针，存放的是整型变量 i 的地址；p1 中存放的是一级指针变量 p2 的地址；＊＊p1 就是变量 i，程序运行后最终 i 的值是 5，如图 7.16 所示。

图 7.16　二级指针

例 7 - 17　二级指针。

代码如下：

```
#include <stdio.h>
void swap(int * * r, int * * s)
{
    int * t;
    t= * r;
    * r= * s;
    * s=t;
}
main()
{
    int a=1, b=2, * p, * q;
    p=&a;
    q=&b;
    swap(&p, &q);
    printf("%d, %d\n", * p, * q);
}
```

程序的运行结果为：

2，1

程序运行的示意图如图 7.17 所示。

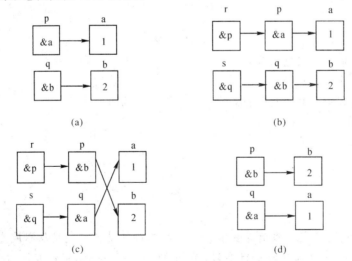

图 7.17 程序运行的示意图

main 函数中初始 p 指向 a；q 指向 b；调用自定义函数，即 swap 函数，将 &p 传递给二级指针变量 r；&q 传递给二级指针变量 s；交换 *r 与 *s 的值，其实是将一级指针 p、q 的值进行交换，通过交换 p 指向 b，q 指向 a；输出 *p 的值是 2，输出 *q 的值是 1。

 任务实施

通过前面的知识铺垫，我们应该已经具备了制作竞赛评分程序的知识，下面就可开始任务实施了。

一、总体分析

根据"竞赛评分程序"功能分析，用传统流程图表示算法如图 7.18 所示。

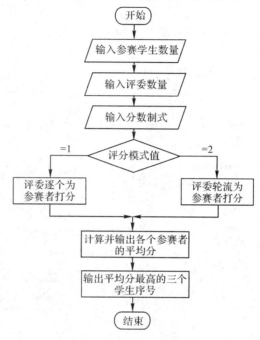

图 7.18 竞赛评分程序流程图

二、功能实现

1. 编码实现

代码如下：

```c
#include "stdio.h"
void main()
{
    float fscore[11][20]={0};        /*最多可以有 10 位评委和 20 个学生*/
    float (*p)[20]=fscore;
    int iStuNum, TeaNum;             /* iStuNum 表示参赛者数量，TeaNum 表示评委数量*/
    int ijudgeMode;                  /* ijudgeMode 表示评分模式*/
    int iScoreMode;                  /* iScoreMode 表示分制*/
    int i, j;
    float fMax[3]={0};               /*用于保存三个最高的平均分*/
    int iSet[3] = {0};               /*用于保存三个最高平均分的下标*/
    /*输入处理*/
    do
    {
        printf("请输入学生数量(小于等于 20) \n");
```

```
        scanf("%d", &iStuNum);
}while(iStuNum<1 || iStuNum > 20);
do
{
    printf("请输入评委数量(小于等于 10)：\n");
    scanf("%d", &TeaNum);
}while (TeaNum<1 || TeaNum>10);
do
{
    printf("请输入评分模式(1/2)，1：第一个评委打完所有分数后下一个评委再打分；2：几个
    评委轮流给每个同学打分\n");
    scanf("%d", &ijudgeMode);
}while(ijudgeMode!=1 && ijudgeMode!= 2);
do
{
    printf("请输入分数制式(5/10/100)，5：五分制；10：十分制；100：百分制\n");
    scanf("%d", &iScoreMode);
}while (iScoreMode!=5 && iScoreMode!=10 && iScoreMode!=100);
/* 评委打分 */
if(ijudgeMode==1)
{
    for (i=0;i<TeaNum;i++)
    {
        printf("%d 号评委，请您按顺序给%d 位选手打分，按回车键分隔.\n", i+1,
        iStuNum);
        for(j=0;j<iStuNum;j++)
        {
            scanf("%f", *(p+i)+j);
            while( *(*(p+i)+j)/iScoreMode>1 || *(*(p+i)+j)<0)
            {
                printf("该输入分数有错，应该输入 0 到%d 之间的分数，请重新输入:\n",
                iScoreMode);
                scanf("%f", *(p+i)+j);
            }
        }
    }
}
else if(ijudgeMode==2)
{
    for(j=0;j<iStuNum;j++)
```

```
        {
          printf("%d 号选手表演结束,请%d位评委录入您的分数,按回车键分隔.\n",j+1,
          TeaNum);
          for(i=0;i<TeaNum;i++)
          {
            scanf("%f", *(p+i)+j);
            while( *( *(p+i)+j)/iScoreMode>1 ||  *( *(p+i)+j)<0)
            {
              printf("该输入分数有错,应该输入 0 到%d 之间的分数,请重新输入:\n",
              iScoreMode);
              scanf("%f", *(p+i)+j);
            }
          }
        }
    }
/ * 计算平均分 * /
for(j=0; j<iStuNum;j++)
{
  for(i=0;i<TeaNum;i++)
    *( *(p+TeaNum)+j)+= *( *(p+i)+j);
  *( *(p+TeaNum)+j)= *( *(p+TeaNum)+j)/TeaNum;
}
/ * 输出每位选手的平均分数 * /
printf("\n\n%d 位选手的平均分数分别是:\n",iStuNum+1);
for(j=0;j<iStuNum;j++)
  printf("%d 号选手: %.2f\n",j+1, *( *(p+TeaNum)+j));
/ * 求平均分最高的三个学生序号 * /
/ * 求最高分 * /
for (j=0;j<iStuNum;j++)
  {
  if( *( *(p+TeaNum)+j)>fMax[0])
  {
    fMax[0]= *( *(p+TeaNum)+j);
    iSet[0]= j;
  }
}
/ * 求第二高分 * /
for(j=0;j<iStuNum;j++)
{
  if(j==iSet[0])
    continue;
  if( *( *(p+TeaNum)+j)>fMax[1])
  {fMax[1]= *( *(p+TeaNum)+j);
```

```
        iSet[1]=j;
    }
}
/＊求第三高分＊/
for(j=0;j<iStuNum;j++)
{
    if(j==iSet[0]||j==iSet[1])
        continue;
    if(＊(＊(p+TeaNum)+j)>fMax[2])
    {fMax[2]=＊(＊(p+TeaNum)+j);
        iSet[2]=j;
    }
}
/＊输出最高平均分的那位选手的序号＊/
printf("\n\n平均成绩最高的三位选手的序号及其平均分分别为:\n");
for(i=0;i<3;i++)
    printf("第%d 号选手,平均分为: %.2fn",iSet[i]+1,FMax[i]);
}
```

2. 运行调试

运行调试结果如图 7.19 所示。

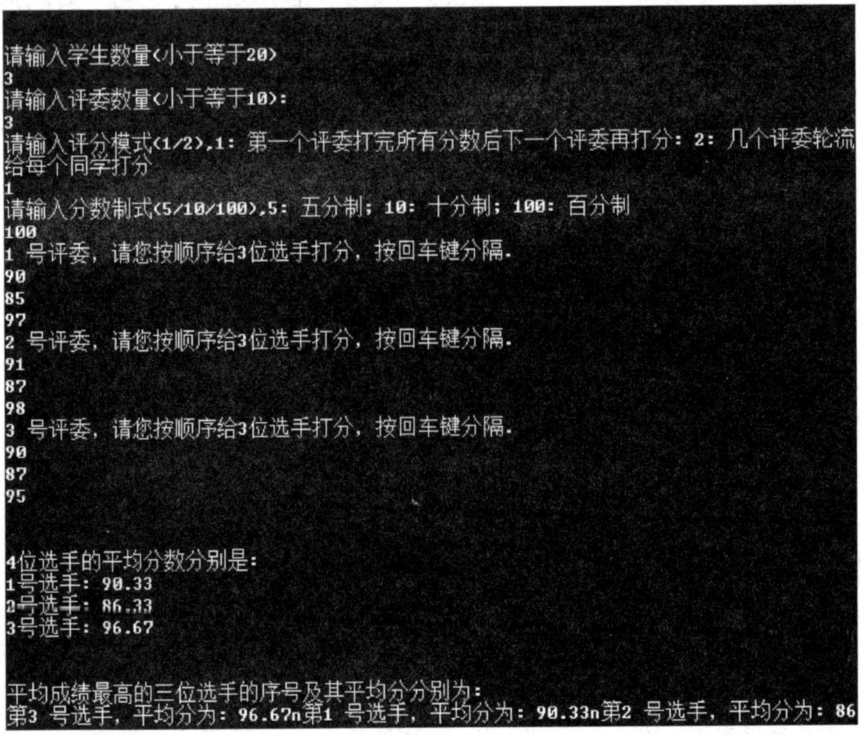

图 7.19　运行调试结果

任务小结

通过"竞赛评分程序"任务，学习了指针与指针变量的概念，指针的运算规则，指针访问变量、数组、字符串、函数的方法及二级指针的使用。

课后习题

一、选择题

1. 若有语句 int ＊point，a＝4;和 point＝&a;，则下面均代表地址的一组是(　　　)。

A. a，point，＊&A   B. &＊a，＊point，&a

C. &a，＊&point，＊point   D. &a，&＊point，point

2. 下面判断正确的是(　　　)。

A. char ＊a＝"china";等价于 char ＊a;＊a＝"china";

B. char str[10]＝{"china"};等价于 char str[10];str[]＝{"china"};

C. char ＊s＝"china";等价于 char ＊s;s＝"china";

D. char ＊s＝"china";等价于 char s[10];＊s＝"china";

3. 设 p1 和 p2 是指向同一个字符串的指针变量，c 为字符变量，则以下不能正确执行赋值语句的是(　　　)。

A. c＝＊p1＋＊p2   B. p2＝c

C. p1＝p2   D. c＝＊p1＊(＊p2)

4. 下面程序段的运行结果是(　　　)。

char str[]＝"ABC"，＊p＝str;

p＋＝3;

printf("%d\n"，strlen(strcpy(p，"ABCD")));

A. 8   B. 12

C. 4   D. 7

5. 若有定义 int a[5]，＊p＝a;，则对 a 数组元素的正确引用是(　　　)。

A. ＊a＋1   B. p＋5

C. &a＋1   D. &a[0]

6. 若有定义 int a[5]，＊p＝a;，则对 a 数组元素的正确引用是(　　　)。

A. ＊&a[5]   B. a＋2

C. ＊(p＋5)   D. ＊(a＋2)

7. 若有定义 int a[2][3];，则 a 数组第 i 行第 j 列元素的正确引用为(　　　)。

A. ＊(a[i]＋j)   B. (a＋i)

C. ＊a{i＋j}   D. a[i]＋j

8. 下列语句定义 p 为指向 float 类型变量 d 的指针，其中正确的是(　　　)。

A. float d，＊p＝d;   B. float d，＊p＝&d;

C. float ＊p＝&d，d;   D. float d，p＝d;

9. 对于语句 int a[10]；＊p＝a；，下列表述正确的是(　　)。

A. ＊p 被赋初值为 a 数组的首地址

B. ＊p 被赋初值为数组元素 a[0]的地址

C. p 被赋初值为数组元素 a[1]的地址

D. p 被赋初值为数组元素 a[0]的地址

10. p1 指向某个整型变量，要使指针 p2 也指向同一变量，下列语句正确的是(　　)。

A. p2＝＊&p1；　　　　　　　　　　B. p2＝＊＊p1；

C. p2＝&p1；　　　　　　　　　　　D. p2＝＊p1；

11. 假设指针 p 已经指向变量 x，则 &＊p 相当于(　　)。

A. x　　　　　　　　　　　　　　　B. ＊p

C. &x　　　　　　　　　　　　　　 D. ＊＊p

12. 假设指针 p 已经指向某个整型变量 x，则(＊p)++相当于(　　)。

A. p++　　　　　　　　　　　　　　B. x++

C. ＊(p++)　　　　　　　　　　　　D. &x++

13. 数组定义为 int a[4][5]；，a+3 表示(　　)。

A. a 数组第四列的首地址　　　　　B. a 数组第一行第四列元素的值

C. a 数组第四行的首地址　　　　　D. a 数组第一列第四行元素的值

14. 数组定义为 int a[4][5]；，a[1]+3 表示(　　)。

A. a 数组第二行第四列元素的地址　　B. a 数组第二行第四列元素的值

C. a 数组第四行的首地址　　　　　　D. a 数组第一行第四列的首地址

15. 数组定义为 int a[4][5]；，＊(＊a+1)+2 表示(　　)。

A. a[1][0]+2　　　　　　　　　　　B. a 数组第一行第二列元素的地址

C. a[0][1]+2　　　　　　　　　　　D. a 数组第一行第二列元素的值

16. 数组定义为 int a[4][5]；，则下列引用错误的是(　　)。

A. ＊a　　　　　　　　　　　　　　B. ＊(＊(a+2)+3)

C. &a[2][3]　　　　　　　　　　　 D. ++a

17. 设有以下程序：

```
main()
{
    int a[10]={1,2,3,4,5,6,7,8,9,0},*p;
    p=a;
    printf("%x\n", p);
    printf("%x\n", p+9);
}
```

该程序有两个 printf 语句，如果第一个 printf 语句输出的是 194，则第二个 printf 语句的输出结果是(　　)。

A. 203　　　　　　　　　　　　　　B. 204

C. 1a4　　　　　　　　　　　　　　D. 1a6

18. 设有如下函数定义：

```
int f(char *s)
```

```
{
    char * p=s;
    while( * p!='\0')   p++;
    return(p-s);
}
```

如果在主程序中用下面的语句调用上述函数,则输出结果为(　　)。

```
printf("%d\n",F("goodbye!"));
```

A. 3　B. 6

C. 8　D. 0

二、编程题

1. 编写一个程序,将字符串 computer 赋给一个字符数组,然后从第一个字母开始间隔地输出该字符串,用指针完成。

2. 倒序输出字符数组 s 中的各个数组元素,用指针实现。

学生成绩管理程序

 学习目标

【知识目标】

- 掌握结构体类型、结构体变量、结构体数组、结构体指针的定义和引用方法。
- 掌握结构体变量及结构体数组在函数之间的传递规则。
- 掌握用结构体进行链表的简单操作。
- 了解共用体及枚举类型的概念、定义和引用方法。
- 掌握已有类型的别名定义方法。

【能力目标】

- 能够利用结构体进行程序设计，解决实际问题。
- 能够用链表进行程序设计。

【重点、难点】

- 结构体类型变量的定义、结构体成员变量的使用方法、结构体数组的定义和使用方法。

 任务简介

编制一个统计学生考试分数的管理程序。从键盘输入学生记录，每个学生记录包含的信息有：学号、姓名和各门功课的成绩。程序包括求出各门课程的总分、平均分；按姓名、学号查找其记录并显示；浏览全部学生成绩及按总分由高到低显示学生信息等功能。

 任务分析

本任务具有如下特性：

（1）输入记录模块完成学生记录的输入，学生记录由学生的基本信息和成绩信息字段组成。

（2）输出记录模块实现将学生记录信息以表格的形式在屏幕上显示输出。

（3）查询记录模块完成按照查询条件查找相关记录功能。用户可以按照学生的学号或姓名来查找学生信息。若找到，输出该记录；若未找到，给出相应的提示信息。

（4）排序记录模块实现将学生记录按照总分降序排序。

（5）可显示菜单界面，进行功能选择。

 支撑知识

熟悉学生成绩管理程序的功能后，需要先学习以下一些支撑知识。

- 结构体类型的定义。
- 结构体类型变量、数组、指针的定义及使用。
- 动态存储分配。
- 链表的定义及使用。
- 类型定义符 typedef。

一、结构体

1. 结构体类型的定义

本任务中需要用到的学生的信息包括姓名、学号和各门课程的成绩。在程序中，描述学生姓名需要用字符型；描述学号需要用整型；描述成绩需要用浮点型。因为数据类型不同，所以不能采用数组来处理。如果把这些数据项单独存储，又不能体现出各个数据项之间的联系。为此，C 语言把这些数据项组合在一起，定义了一个新的数据类型，称为结构体类型，结构体是一种构造数据类型。

声明一个结构体类型的一般形式为：

```
    struct［结构体名］
{
    类型标识符 成员名1;
    类型标识符 成员名2;
        M
    类型标识符 成员名n;
};
```

struct 的功能是定义一种结构体类型，它是声明结构体类型时必须使用的关键字，不能省略；结构体名是合法的标识符，可省略。struct 结构体名是用户定义的新的结构体类型，大括号中定义结构体中的成员变量，成员名要遵循标识符的命名规则，每个成员都要指定类型，不同成员的类型可以不一样。

如果想描述任务中学生的基本信息（如图 8.1 所示），即学号、姓名、成绩 1、成绩 2，可定义结构体类型如下：

```
    struct student
{
    int num;
    char name[20];
    float score1;
    float score2;
};
```

上面定义结构体类型为 struct student，结构体中包含四个成员，结构体类型定义的末尾必须有分号，结构体类型定义描述结构的组织形式，不分配内存。

num	name	score1	score2
11	peterJ	90	76

图 8.1　学生的基本信息

2. 结构体类型变量的定义

结构体类型和系统提供的标准类型（如 int、char、float、double 等）一样具有同样的地位和作用，都可以用来定义结构体变量。定义结构体类型变量有以下三种形式：

（1）先定义结构体类型，再定义结构体变量，其一般形式为：

```
struct   结构体名
{
    类型标识符 成员名；
    类型标识符 成员名；
        ……
};
    struct   结构体名   变量名表列；
```

例如：

```
struct student
{
    int num；
    char name[20]；
    float score1；
    float score2；
};
    struct student stu1，stu2；
```

定义了两个 struct student 结构体类型的变量 stu1、stu2，编译时系统各给它们分配 30 个字节的存储空间，如图 8.2 所示。

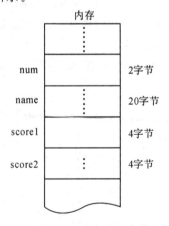

图 8.2　分配 30 个字节的存储空间

（2）定义结构体类型的同时定义结构体变量，其一般形式为：

```
struct    结构体名
{
    类型标识符 成员名;
    类型标识符 成员名;
        ……
}变量名表列;
```

例如:

```
struct student
{
    int num;
    char name[20];
    float score1;
    float score2;
}stu1,stu2;
```

（3）直接定义结构体变量。其一般形式为:

```
struct
{
    类型标识符 成员名;
    类型标识符 成员名;
        ……
}变量名表列;
```

例如:

```
struct
{
    int num;
    char name[20];
    float score1;
    float score2;
}stu1,stu2;
```

说明:

（1）结构体类型与结构体变量是两个不同的概念。前者只声明结构体的组织形式,本身不占用存储空间;后者是某种结构体类型的具体实例,编译系统只有定义了结构体变量后才为其分配内存空间。

（2）结构体成员名与程序中变量名可相同,不会混淆。

（3）有名的结构体类型的类型名可以使用多次,可以用它定义其他的同类型的变量、数组或指针,而无名结构体类型只能使用一次。

3. 结构体类型变量的初始化

结构体类型是由若干个成员组成的整体,在结构体变量的初始化时,只要把各成员的初值按照定义时的顺序依次列出即可。例如:

```
struct student
{
```

```
        int num;
        char name[20];
        float score1;
        float score2;
    };
    struct student stu1={11,"PeterJ",90,76};
```

编译时根据结构体变量成员的类型分配存储空间,并将结构体变量 stu1 各个成员的初值存放到为各个成员分配的存储空间中。

在对结构体变量初始化时,不允许跳过前面的成员只给后面的成员赋初值,但可以只给前面的成员赋初值,后面未赋初值的成员数值型的赋初值为 0,字符型的赋初值为'\0'。

4. 结构体类型变量的引用

结构体变量的常规引用就是对结构体变量中的各个成员进行引用。其引用的格式为:

结构体变量名.成员名

例 8 - 1 引用结构体变量中指定名称的成员变量。

代码如下:

```c
#include <stdio.h>
struct    student
{
    int num;
    char    name[20];
    char sex;
    int age;
    float score;
    char addr[30];
};
main()
{
    struct student stu1={11,"PeterJ",'F',16,79.3,"大学路"};
    printf("学号:%d\n",stu1.num);
    printf("姓名:%s\n",stu1.name);
    printf("性别:%c\n",stu1.sex);
    printf("年龄:%d\n",stu1.age);
    printf("成绩:%.1f\n",stu1.score);
    printf("地址:%s\n",stu1.addr);
}
```

程序的运行结果为:

学号:11

姓名:PeterJ

性别:F

年龄:16

成绩:79.3

地址：大学路

注意：

（1）不能对结构体变量进行整体引用。例如：

```
struct    student
{
    int num；
    char    name[20]；
    char sex；
    int age；
    float score；
    char addr[30]；
}stu1；
printf("%d, %c, %c, %d, %f, %s\n", stu1)；        (×)
stu1={101, "Wan Lin", 'M', 19, 87.5, "DaLian"}；  (×)
```

（2）可以将一个结构体变量赋值给另一个结构体变量。例如：

```
struct    student
{
    int num；
    char    name[20]；
    char sex；
    int age；
    float score；
    char addr[30]；
}stu1, stu2；
stu1={11, "PeterJ", 'F', 16, 79.3, "大学路"}；
stu2=stu1；
```

通过上述赋值，stu1 和 stu2 两个结构体变量成员的值是一样的。

（3）如果结构体的成员本身又是一个结构体，则必须逐级找到最低级的成员才能使用。例如：

```
struct    student
{
    int num；
    char    name[20]；
    char sex；
    struct date
    {
        int year；
        int month；
```

```
    int day;
  }birthday;
  float score;
  char addr[30];
}stu1;
```

在结构体 student 中定义了结构体 date，称为结构体的嵌套定义，在这种结构中对成员变量引用需要引用到最低级。例如，将上例中的"age"成员改为出生日期"birthday"，则 stu1. birthday. year 表示 stu1 变量中 birthday 成员中的 year 成员，即 stu1 变量出生年份成员可以在程序中单独使用，与普通变量的使用完全相同。

例 8 - 2 输入一个学生的信息并显示。

程序的算法描述如图 8.3 所示，代码如下：

定义结构变量stu
输入学号stu.num
输入姓名stu.name
输入出生日期
输入学生成绩stu.score
输出学生信息

图 8.3 主函数 N-S 图

```c
#include<stdio. h>
void main()
{
    struct date
    {
      int year;
      int month;
      int day;
    };
    struct student
    {
      int num;
      char name[20];
      char sex;
      struct date birthday;
      float score;
    };
    struct student stu;
    printf("请输入学生学号:");
    scanf("%d", &stu. num);
```

```
    printf("请输入学生姓名:");
    scanf("%s", &stu. name);
    printf("请输入学生性别:");
    scanf(" %c", &stu. sex);
    printf("请输入学生出生日期:");
    scanf("%d%d%d", &stu. birthday. year, &stu. birthday. month, &stu. birthday. day);
    printf("请输入学生成绩:");
    scanf("%f", &stu. score);
    printf("学号:%d\n 姓名:%s\n 性别:%c\n 出生日期:%d 年%d 月%d 日\n 成绩:%6.1f\
n", stu. num, stu. name, stu. sex, stu. birthday. year, stu. birthday. month, stu. birthday. day, stu.
score);
    }
```

程序的运行结果如图 8.4 所示。

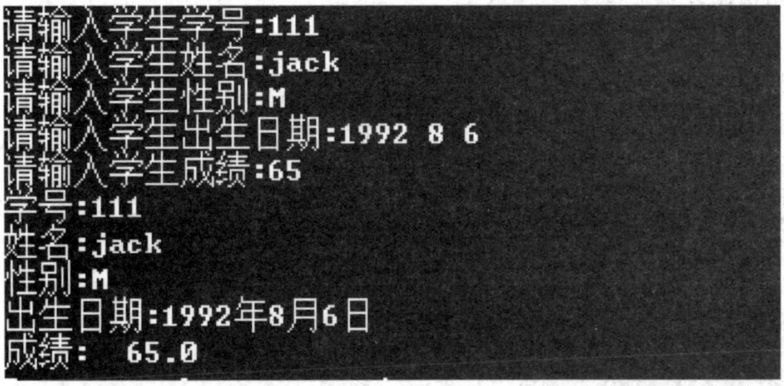

图 8.4　程序的运行结果(1)

5．结构体数组

如果我们需要建立一个班级的学生档案，每个学生的信息包括姓名、学号和各门课程的成绩，使用结构体类型变量很难实现，需要定义结构体数组。结构体数组可以用来表示具有相同数据结构的一个群体，结构体数组的每一个元素都是具有相同结构类型的下标结构体变量。

1) 结构体数组的定义

(1) 先定义结构体类型，再用结构体类型名定义该类型的数组。其一般形式为：

```
    struct  结构体名
    {
        类型标识符 成员名;
        类型标识符 成员名;
            ……
    };
    struct  结构体名  数组名[常量表达式];
```

例如：

```
struct student
{
    int num；
    char name[20]；
    float score1；
    float score2；
};
struct student stu[3]；
```

定义了一个 struct student 结构体类型的数组 stu，该数组一共有三个数组元素，分别是 stu[0]、stu[1]和 stu[2]，其中，每个数组元素都具有 struct student 的结构形式。编译时系统给各个数组元素均分配 30 个字节的存储空间。

（2）定义结构体类型的同时定义结构体数组。其一般形式为：

```
struct    结构体名
{
    类型标识符 成员名；
    类型标识符 成员名；
    ……
}数组名[常量表达式]；
```

例如：

```
struct student
{
    int num；
    char name[20]；
    float score1；
    float score2；
}stu[3]；
```

（3）直接定义结构体数组。其一般形式为：

```
struct
{
    类型标识符 成员名；
    类型标识符 成员名；
    ……
}数组名[常量表达式]；
```

例如：

```
struct
{   int num，
    char name[20]；
    float score1；
    float score2；
}stu[3]；
```

2）结构体数组的初始化

（1）结构体数组初始化时可以分行进行，每行的初始值用一对大括号括起来。例如：

```
struct    student
{
    int num;
    char name[20];
    char sex;
    int age;
    float score;
    char addr[30];
};
struct student stu[3]={{11，"jack"，'M'，20，89，"101 zhongshan Road"}，
                {12，"rose"，'F'，21，70，"110 nanjing Road"}，
                {13，"flore"，'M'，20，54，"130 shanghai Road"}};
```

（2）如果给数组中数组元素的成员全部进行初始化，可以采用顺序初始化的方式进行。例如：

```
struct    student
{
    int num;
    char name[20];
    char sex;
    int age;
    float score;
    char addr[30];
};
struct student stu[3]={11，"jack"，'M'，20，89，"101 zhongshan Road"，
                12，"rose"，'F'，21，70，"110 nanjing Road"，
                13，"flore"，'M'，20，54，"130 shanghai Road"};
```

采用这两种方式可以不指定数组的长度，可以根据初始值的个数确定下标的个数。例如：

```
struct    student
{
    int num;
    char name[20];
    char sex;
    int age;
    float score;
    char addr[30];
};
struct student stu[ ]={11，"jack"，'M'，20，89，"101 zhongshan Road"，
                12，"rose"，'F'，21，70，"110 nanjing Road"，
                13，"flore"，'M'，20，54，"130 shanghai Road"};
```

也可以在定义结构体类型的同时定义结构体数组或直接定义结构体数组的时候为数组初始化。

3）结构体数组的引用

结构体数组的引用与结构体变量的引用类似，一般结构体数组的引用格式为：

　　　结构体数组名［下标］.成员名

例 8 - 3　统计五个学生中不及格的人数。

代码如下：

```
#include <stdio.h>
struct    student
{
        int num;
        char name[20];
        char sex;
        int age;
        float score;
        char addr[30];
};
main()
{
    struct student stu[5];
    int i,count=0;
    for(i=0;i<5;i++)
    {
        printf("输入第%d 名学生的姓名与成绩:",i+1);
        scanf("%s%f",&stu[i].name,&stu[i].score);
        if(stu[i].score<60)
            count++;
    }
    printf("不及格的人数:%d\n",count);
}
```

程序的运行结果如图 8.5 所示。

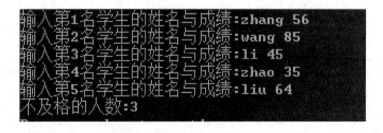

图 8.5　程序的运行结果（2）

该程序利用 for 语句输入五个学生的姓名和成绩存放在结构体数组对应的成员 stu[i]. name 和 stu[i]. score，在每次循环输入成绩后借助于 if 语句判断是否小于 60 分，如果小于

60，执行 count++ 语句进行计数，最后跳出循环后输出变量 count 的值就是不及格的人数。

6. 结构体指针

当定义了结构体变量后，系统会给该变量在内存分配一段连续的存储空间。结构体变量名就是该变量所占据内存空间的首地址。如果一个指针变量中存放的是结构体变量的首地址，则称它为结构体指针变量，简称结构体指针。

结构体指针变量的定义方式与前面介绍的各种指针变量的定义和引用方法类似。

1）指向结构体变量的指针

一般定义形式：

  struct 结构体名 * 结构体指针名；

  结构体指针名＝结构体变量名的地址；

例如：

```
struct student
{
    int num;
    char name[20];
    char sex;
    int age;
}stu;
struct student * p=&stu;
```

定义 p 是指向结构体变量 stu 的指针，p 存放的是结构体变量 stu 的地址。

结构体指针变量引用成员形式：

  结构体指针名->成员名

在 C 语言中，通过结构体指针变量访问结构体变量的成员采用运算符"->"实现。"->"运算符是指针运算符，它的优先级为第一级，结合方向是从左到右。如 p->num 等价于 stu.num，p->age 等价于 stu.age，则访问 stu 成员有以下三种方式：

（1）(*结构体指针名).成员名。

（2）结构体指针名->成员名。

（3）结构体变量名.成员名。

例 8-4 使用指针变量访问指针变量成员。

代码如下：

```
struct  date    /*日期结构类型：由年、月、日共三项组成*/
{
    int year;
    int month;
    int day;
};
struct  std_info /*学生信息结构类型：由学号、姓名、性别和生日共四项组成*/
{
    char no[7];
```

```
        char name[9];
        char sex[3];
        struct date birthday;
    };
    main()
    {
        struct std_info student={"000102","张三","男",{1980,9,20}};
        struct   std_info  * p_std=&student;
        printf("No：%s\n", p_std->no);
        printf("Name：%s\n", p_std->name);
        printf("Sex：%s\n", p_std->sex);
        printf("Birthday：%d-%d-%d\n", p_std->birthday.year, p_std->birthday.month, p_
std->birthday.day);
    }
```

程序的运行结果如图 8.6 所示。

```
No: 000102
Name: 张三
Sex: 男
Birthday: 1980-9-20
```

图 8.6　程序的运行结果(3)

p_std 是指向 struct std_info 结构体类型数据的指针变量。通过 p_std 可访问结构体指针变量的各个成员，如 p_std->no 访问学生的学号，p_std->name 访问学生的姓名。

2) 指向结构体数组的指针

前面介绍过，可以使用指向数组或数组元素的指针和指针变量。同样，对结构体数组及其元素也可以用指针或指针变量来指向。

例 8-5　使用指向结构数组的指针来访问结构数组。

代码如下：

```
    struct   date    /* 日期结构类型：由年、月、日共三项组成 */
    {
      int year;
      int month;
      int day;
    };
    struct   std_info/* 学生信息结构类型：由学号、姓名、性别和生日共四项组成 */
    {
      char no[7];
      char name[9];
      char sex[3];
      struct date birthday;
    };
```

```
struct  std_info  student[3]={{"000102","张三","男",{1980,5,20}},
                             {"000105","李四","男",{1980,8,15}},
                             {"000112","王五","女",{1980,3,10}}};
main()
{
  struct  std_info  * p_std=student;
    int i=0;
    /* 打印表头 */
    printf("No        Name      Sex  Birthday\n");
    /* 输出结构数组内容 */
    for(;i<3;i++, p_std++)
    {
      printf("%-7s%-9s%-4s", p_std->no, p_std->name, p_std->sex);
      printf("%4d-%2d-%2d\n", p_std->birthday. year,
          p_std->birthday. month, p_std->birthday. day);
    }
}
```

程序的运行结果如图 8.7 所示。

图 8.7　程序的运行结果(4)

p_std 是指向 struct std_info 结构体类型数据的指针变量。p_std 的初值是 student,也是数组 student 的起始地址,如图 8.8 中 p_std 的指向。在第一次循环中输出了 student[0] 的各个成员值。然后执行 p_std++,使 p_std 自加 1,p_std 加 1 意味着 p_std 所增加的值为结构体数组 student 的一个元素所占的字节数。执行 p_std++后的 p_std 的值等于 student+1,p_std 执行 student[1] 的起始地址,它指向 p_std'。在第二次循环中输出 student[1] 各个成员值。在执行 p_std++后,p_std 的值等于 student+2,它指向 p_std",再输出 student[2] 的各个成员值。

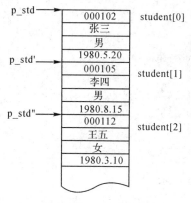

图 8.8　p_std 的指向

3）指向结构数据的指针作为函数参数

例 8-6 使用指向结构数据的指针作为函数参数打印数组中数组元素。

代码如下：

```
struct   date      /*日期结构类型：由年、月、日共三项组成*/
{
    int year;
    int month;
    int day;
};
struct   std_info/*学生信息结构类型：由学号、姓名、性别和生日共四项组成*/
{
    char no[7];
    char name[9];
    char sex[3];
    struct date birthday;
};
struct   std_info   student[3]={{"000102","张三","男",{1980,5,20}},
                                {"000105","李四","男",{1980,8,15}},
                                {"000112","王五","女",{1980,3,10}}};
/*主函数 main()*/
main()
{
  void display();/*函数说明*/
    int i=0;
    /*打印表头*/
    printf("No.    Name    Sex    Birthday\n");
    /*打印内容*/
    for(;i<3;i++)
    {
    display(student+i);
        printf("\n");
    }
}
void display(struct std_info * p_std)
{
    printf("%-7s%-9s%-4s", p_std->no, p_std->name, p_std->sex);
    printf("%4d-%2d-%2d\n", p_std->birthday. year, p_std->birthday. month, p_std->
    birthday. day);
}
```

程序的运行结果如图 8.9 所示。

程序定义了一个函数 display，其功能是打印详细的数据信息的。函数使用结构体指针

```
No.      Name     Sex    Birthday
000102  张三      男     1980- 5-20

000105  李四      男     1980- 8-15

000112  王五      女     1980- 3-10
```

图 8.9　程序的运行结果(5)

变量 p_std 作为函数参数,在 main 函数中具体调用时使用语句 display(student+i);将 student+i,即数组元素的首地址传递给指针变量 p_std,进而通过指针变量输出数组元素的值。

7. 用指针处理链表

1) 链表的概念

链表是一种非固定长度的数据结构。它是结构体最重要的应用,也是一种动态存储技术。链表能够根据数据的结构特点和数量灵活使用内存,尤其适用于数据个数可变的数据存储。例如,操作系统使用链表结构将磁盘上若干不连续的存储区域接成一片逻辑上连续的区域,以便存放较大的文件。

链表有一个头指针变量 head,它存放一个地址。该地址指向一个元素。链表中每一个元素称为结点,每个结点都应包括两个部分:一部分为用户需要的实际数据;另一个部分为下一个结点的地址。Head 指向第一个元素,第一个元素指向第二个元素,……,直到最后一个元素。最后一个元素不再指向其他元素,它称为表尾,它的地址部分放一个 NULL(表示空地址),链表到此结束。

单向链表是一种最简单的链表。它由若干个结点首尾相接而成,每个结点包含两个域:数据域和指针域。数据域用于存放数据;指针域存放下一个结点的地址,如图 8.10 所示。

图 8.10　单向链表示意图

前面介绍了结构体变量,用它做链表中的结点是最合适的。一个结构体变量包含若干成员,这些成员可以是数值类型、字符类型、数组,也可以是指针类型。链表中的结点可用如下结构来描述:

```
struct node
{
    int data;
    struct node * next;
}
```

其中,数据 data 可以扩展,可以是用户需要的各种数据。例如,描述学生的学号和姓名, data 可以定义为 int num;char name[10];,结构体中的 next 是指针类型的成员,它指向

struct node 类型数据。通过指针将各个结点链接起来，就构成了单向链表。

2）静态链表的构建

例 8 - 7　建立一个简单的静态链表，它由三个结点数据构成，输出各个数据结点的值。

代码如下：

```
#include<stdio.h>
//创建简单静态链表
struct node
{
    int data;
    struct node * next;
};
main()
{
    struct node * head, * p;
    struct node a, b, c;
    a.data=1;
    b.data=2;
    c.data=3;
    head=&a;            /*将 a 结点的起始地址赋给头指针 head */
    a.next=&b;          /*将 b 结点的起始地址赋给 a 结点的 next 成员 */
    b.next=&c;          /*将 c 结点的起始地址赋给 b 结点的 next 成员 */
    c.next=NULL;        /*将 c 结点的 next 成员不存放其他结点的地址 */
    p=head;             /*p 指针指向 a 结点 */
    while(p!=NULL)
    {
        printf("%d", p->data);    /*输出 p 指向的结点的数据 */
        p=p->next;                /*p 指向下一个结点 */
```

程序开始时使 head 指向结点 a，a.next 指向结点 b，b.next 指向结点 c，这就构成了一个简单的链表，如图 8.11 所示。

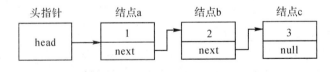

图 8.11　链表示意图

程序中的三个结点 a、b 和 c 是在程序中定义的，因此定义的是静态链表。输出链表时先使 p 指向结点 a，然后输出结点 a 中的数据，再通过"p=p->next"指向下一个结点 b，输出结点 b 的值，直到 p 为空时结束。

3）动态链表的构建

用户程序能在运行期间动态地申请和释放内存空间，从而更有效地利用内存并提高程序设计的灵活性。动态链表是通过动态的为结点分配存储空间来建立的。对动态链表的基本操作包括创建、检索（查找）、插入、删除和修改等。

（1）动态链表的建立。创建动态链表是指从无到有地建立起一个链表，即向空链表中依次插入若干结点，并保持结点之间的前后连接关系。

建立动态链表的步骤是先建立链表的头结点（也称为头部结点），并将该结点作为尾结点（也称为尾部结点），然后不断增加新的结点，并将新增加的结点连接到当前尾结点的后面而作为尾结点。建立动态链表时设置三个指针变量：h 指向链表的头结点；p 指向新建的结点；q 指向尾结点。具体建立的算法是：

① 通过动态内存分配申请一段存储空间存放在头结点，将该存储空间的起始地址存放到指针变量 h 中，并且其数据域和指针域均为空，并使 p 和 q 同时指向头结点。表示该结点既是头结点，也是当前结点，又是尾结点。

② 输入一个数据 a，若 a 不为 0，进入步骤③；若为 0，进入步骤④。

③ 再申请一段空间存放下一个新建结点，起始地址存放在指针 p 中，将数 a 存入 p 结点的数据域中，并将 p 结点的首地址存入 q 结点的 next 域，这样，p 结点就被链接在 q 结点后，再通过将首地址 p 存入指针 q 使新建的结点成为新的尾结点，并重复步骤②。

④ 结束循环，并在尾结点的 next 域放入 NULL，作为链表结束的标记。

⑤ 将链表的头指针 h 返回调用函数。

（2）动态链表的输出。输出链表的过程是根据链表的头结点找到下一个结点，先输出结点数据域中的数据，然后根据其 next 域中的地址，取出后继结点，输出其数据域中的数据。如此不断选取下一个结点，直到链表末尾。

例 8-8　建立一个动态单向链表，将键盘输入的 10 个整数存在该链表的各个结点的数据域中。当输入整数 0 时，结束建立链表的操作，然后依次输出链表中的数据，直到链表末尾。

代码如下：

```
#include <malloc.h>
#define NULL 0
struct info
{
    int num;
    struct info * next;
};
main()
{
    struct info * head, * p, * q;
    int n=1;
    head=p=q=(struct info * )malloc(sizeof(struct info));
    printf("请输入第%d 个结点的数据:", n++);
    scanf("%d", &p->num);
    while(p->num!=0)
    {
        p=(struct info * )malloc(sizeof(struct info));
        if(!p)
```

```
        {
            printf("内存分配出错！");
            exit();
        }
        printf("请输入第%d个结点的数据:", n++);
        scanf("%d", &p->num);
        q->next=p;
        q=p;
    }
    q->next=NULL;
    p=head;
    while(p->next!=NULL)
    {
        printf("%d  ", p->num);
        p=p->next;
    }
}
```

程序的运行结果如图 8.12 所示。

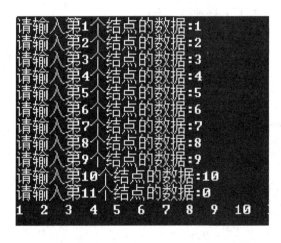

图 8.12　程序的运行结果(6)

程序的第十二行用到了 malloc 函数。malloc 函数的原型为 void ＊ malloc(unsigned int size);，该函数的作用是在内存的动态存储区中分配一个长度为 size 的连续空间。该函数的返回值是一个指向分配域起始地址的指针，如果此函数未能成功地执行，则返回空指针(NULL)。

第十二行中(struct info ＊)malloc(sizeof(struct info))的作用是在内存的动态存储区中分配一个长度为 sizeof(struct info)的连续空间。sizeof(struct info)指结构体 struct info 的长度。p 是指向 struct info 类型数据的指针变量，因此必须使用强制类型转换使指针的基类型转换为 struct info 类型，在 malloc 前面加上(struct info ＊)使函数返回的指针转换为指向 struct info 类型数据的指针。程序的第一行是在包含 malloc 函数的头文件。

程序的第二行为 ♯define 命令行，使 NULL 代表 0，用 NULL 来表示空地址。

4) 插入结点

往一个已经建立好的链表中插入结点，根据插入位置的不同，可以分为三种情况。

（1）头插法，就是将新的结点插入链表首部，作为链表新的头部结点。这种方式比较简单，只需要创建一个新的结点，让它的 next 域指向原链表的头部结点 head，然后让 head 指向新结点即可。其参考代码如下：

```
struct node
{
    int data;
    struct node * next;
};
struct node newnode={12, NULL};        //创建新结点
newnode. next=head;                    //新结点的 next 域指向 head
head=&newnode;                         //head 指向新结点
```

（2）尾插法，就是将新的结点插入到链表尾部，作为链表新的尾结点。这种情况需要找到原链表的尾部，然后让尾部的 next 域指向新结点。如何找链表的尾部呢？需要从链表的头部遍历去找尾部，尾部结点的 next 域为 NULL。其参考代码如下：

```
struct node
{
    int data;
    struct node * next;
};
struce node * p=head;                     //p 指向链表的头部
while(p! =NULL && p->next! =NULL)          //寻找链表的尾部结点
    p=p->next;
struct node newnode={12, NULL};           //创建新结点
p. next=&newnode;                         //新结点的 next 域指向 head
```

（3）中插法，就是将新的结点插入到链表任意两个结点的中间。这种情况需要查找到新结点的插入位置，然后将原链表断开，再将新结点插入到相应的位置上。例如，将新结点插入为第三个结点的参考代码如下：

```
int count=0;                              //count 用来记录链表结点的个数
struct node * p, * q;
struct node newnode={25, NULL};          //建立新结点
p=head;                                   //p 指向链表的头部
q=head;                                   //p 指向链表的头部
while(p! =NULL)
{
    count++;
    if(count==3)
        break;                           //找到第三个结点就退出循环
```

```
        q＝p;
        p＝p－>next;
    }
    if(p!＝NULL)
    {
        struct node  *h＝p－>next;
        p－>next＝&newnode;              //p 的下一个指向新结点
        newnode. next＝h;               //新结点的下一个指向原来 p 的下一个
    }
    else
        q－>next＝&newnode;
    }
```

中插法示意图如图 8.13 所示。

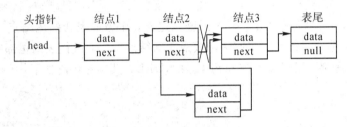

图 8.13　中插法示意图

5) 删除结点

将一个已经建立好的链表中的结点删除，根据插入位置的不同，可以分为三种情况。

(1) 删除头部结点，这个操作比较容易实现，只需要将原来 head 的下一个结点作为新的 head 即可。其参考代码如下：

山 head＝head－>next;

(2) 删除尾部结点。这个操作需要找到尾部结点，然后让尾部结点的前一个指向 NULL 即可。其参考代码如下：

```
    struct node
    {
        int data;
        struct node * next;
    };
    struce node * p＝head;                 //p 指向链表的头部
    struce node * q＝NULL;
    while(p!＝NULL && p－>next!＝NULL) //寻找链表的尾部结点
    {
        q＝p;
        p＝p－>next;
    }
    //循环结束后，若 q 为 NULL，则链表中没有结点或是链表中只有一个结点
```

```
//这种删除只需要将 head 的 next 域指向 NULL 即可
if(q==NULL)
    head=NULL;
else
    q->next=NULL;
```

（3）删除中间结点，这个操作需要找到中间结点，然后让待删除结点前一个结点指向待删除结点的下一个即可。可通过结点的遍历找到待删除结点。例如，删除三个结点的参考代码如下：

```
int count=0;                    //count 用来记录链表结点的个数
struct node * p, * q;
p=head;                         //p 指向链表的头部
q=head;                         //q 指向链表的头部
while(p!=NULL)
{
    count++;
    if(count==3)
        break;                  //找到第三个结点就退出循环
    q=p;
    p=p->next;
}
if(p!=NULL)
    q->next=p->next;
else
    printf("没有第三个结点");
```

删除中间结点的示意图如图 8.14 所示。

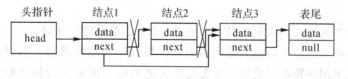

图 8.14　删除中间结点的示意图

6）链表反转

把单链表进行反转，即原来的头部成为尾部，原来的尾部成为新头部，指针方向都需要改变。代码如下：

```
struct node * p, * q, * t;
p=head;                         //p 指向链表的头部
t=head;                         //t 指向链表的头部
q=p->next;
head->next=NULL;
while(q!=NULL)
{
```

```
            p=q;
            q=p->next;
            p->next=t;
            t=p;
        }
```

二、共用体

共用体也是 C 语言中的一种构造数据类型，由不同数据类型的成员组成，它的定义在形式上与结构体类似，但两者在使用内存的方式上有本质的区别。结构体数据的各个成员占据各自的内存空间，结构体数据的整体存储空间为各个成员所占空间之和。而共用体数据的各个成员共同占用一段内存空间，在任一时刻这块存储空间都只能存放一个成员的数据，共用体数据的存储空间为其所有成员中占据空间最大的一个成员所占的空间。

1. 共用体类型的定义

共用体类型定义的一般形式为：

```
union 共用体类型名
{
    数据类型    成员 1;
    数据类型    成员 2;
            M
    数据类型    成员 n;
};
```

union 为共用体类型关键字，用来声明用户定义的是一个共用体类型，共用体类型名是用户自定义的标识符。成员列表表示的是共用体类型中所含有的各成员变量，成员变量的数据类型通常是前面所使用的基本数据类型，也可以是结构体类型、共用体类型等构造数据类型。

例如，学校在统计校内人员的姓名、年龄、职业、单位等信息时，职业一项可分为教师和学生两类，单位一项学生应填入班级编号，教师应填入某教研室。假设班级编号为整型变量，而某教研室用字符数组表示，那么就应该把单位一项定义为包含整型和字符数组这两种类型的共用体。

```
union danwei
{   int class;
    char office[10];
};
```

示例定义了共用体类型 danwei，它包含两个成员：一个为整型成员 class；另一个为字符数组 office。成员 class 占用 2 个字节的存储空间，成员 office 占用 10 个字节的存储空间，所以，该共用体共占用了 10 个字节的存储空间。

2. 共用体变量的定义

共用体变量的定义和结构体变量的定义方式相同，有以下三种形式。

（1）先定义共用体类型，再定义共用体变量。其一般形式如下：

union 共用体类型名

{

　　成员列表

};

union 共用体类型名 共用体变量名;

例如:

union danwei

{　　int class;

　　char office[10];

};

union danwei s1, s2;　　　/* 定义 s1、s2 为 danwei 共用体类型的变量 */

(2) 定义共用体类型的同时定义共用体变量。其一般形式如下:

union 共用体类型名

{

　　成员列表

}共用体变量名;

例如:

union danwei

{　　int class;

　　char office[10];

}s1, s2;

(3) 直接定义共用体类型的变量。其一般形式如下:

union

{

　　成员列表

}共用体变量名;

例如:

union

{　　int class;

　　char office[10];

}s1, s2;

s1、s2 共用体变量所占用的存储空间均为 10 个字节,它等于占空间最大的成员 office 所占的空间。

3. 共用体变量的引用

对共用体变量的引用只能是对其成员进行。同一个共用体中各个共用体成员占用共同的存储空间,所以,同一时刻只能有一个成员有意义,即在同一时刻只能访问一个共用体成员。同结构体成员一样,共用体成员同样需要使用成员选取运算符来引用。共用体变量的成员可表示为:

共用体变量名.成员名

例如:

union danwei

```
{   int class；
    char office[10]；
}s1；
s1. class＝1；          /＊引用 class 成员＊/
s1. office；           /＊引用 office 成员＊/
```

需要注意的是，在一个共用体变量中，尽管在某一时刻只能有一个成员的值有意义，但这并不是说这时不能访问其他成员的值，只是这时其他成员的值可能与我们所期望的相距甚远。

4. 共用体变量的初始化

共用体可以在说明时进行初始化。给共用体变量初始化时要给出该共用体的第一个成员的初值，并用花括号将其括起来。

例如：

```
union
{   int class；
    char office[3]；
}s1＝{2}；
union
{   char office[3]；
    int class；
}s1＝{'a'，'b'，'c'}；
```

为共用体变量的成员进行初始化，需要在声明共用体类型时将需要得到初始值的成员放在共用体声明的最前面。

三、枚举类型

枚举数据类型与结构体数据类型本质上是不同的。前者属于基本数据类型，后者属于构造数据类型。枚举是指变量的取值被限定在有限个值的范围内。例如，性别只能是"男"或"女"；星期只能是"星期一"、"星期二"、"星期三"、"星期四"、"星期五"、"星期六"、"星期日"七个值之一等。

1. 枚举类型的定义

枚举类型定义的一般形式为：

```
enum 枚举类型名
{
    枚举值表
}；
```

enum 是定义枚举类型的关键字，在花括号{}中的枚举值表中应列出所有可能的值，这些值称为枚举元素，也称为枚举常量，相邻的枚举元素之间用逗号隔开。

例如：

```
enum weekday{Sun，Mon，Tue，Wed，Thu，Fri，Sat}；
```

该枚举类型名为 weekday，枚举值共有 7 个，即一周中的 7 天。凡是被定义为 weekday 类型变量的取值只能是 7 个枚举值中的一个。

2. 枚举类型的变量

同结构体和共用体变量一样，枚举类型变量的定义形式有以下三种：

（1）先定义枚举类型，再定义枚举变量。

```
enum weekday{Sun, Mon, Tue, Wed, Thu, Fri, Sat};
enum weekday today;
```

（2）定义枚举类型的同时定义枚举变量。

```
enum weekday{Sun, Mon, Tue, Wed, Thu, Fri, Sat}today;
```

（3）直接定义枚举类型的变量。

```
enum{Sun, Mon, Tue, Wed, Thu, Fri, Sat}today;
```

说明：

（1）每个枚举元素都有一个确定的整数值，其隐含值按顺序依次为 0、1、2……。例如：

```
enum weekday{Sun, Mon, Tue, Wed, Thu, Fri, Sat}today;
```

其中，各枚举元素取值依次为：Sun：0，Mon：1，Tue：2，Wed：3，Thu：4，Fri：5，Sat：6。

在定义枚举类型时，也可以显式地给出各个枚举元素的值。枚举元素是常量，不是变量，不能在程序中用赋值语句再对它赋值。例如：

```
enum weekday{Sun=7, Mon=1, Tue, Wed, Thu, Fri, Sat}today;
```

其中，定义了枚举元素 Sun 的值为 7，Mon 的值为 1，以后顺次加 1，即 Tue 为 2，……，Sat 为 6。

（2）枚举类型的变量不能直接被赋一个整数值。只能把枚举元素赋予枚举变量，不能把枚举元素的值赋予枚举变量。例如：

```
today=Wed;      /*正确*/
today=3;        /*错误*/
```

例 8 - 9 阅读程序，了解枚举变量的使用。

代码如下：

```c
#include <stdio.h>
enum monthday
{
    january=1, february, march=3, april, may, june, july, august, september, october,
november, december=12
};
main()
{
    enum monthday m;
    char * monname[]={"","一月","二月","三月","四月","五月","六月","七月","八月","九月","十月","十一月","十二月"};
    printf("\n");
    for(m=january;m<=december;m=(enum monthday)(m+1))
      printf("  第%d月是%10s\n", m, monname[m]);
}
```

程序的运行结果如图 8.15 所示。

图 8.15   程序的运行结果(7)

四、类型定义符 typedef

C 语言不仅提供了丰富的数据类型，而且还允许由用户自己定义类型说明符，也就是说，允许由用户为数据类型取"别名"。

例如，有整型变量 a, b，其声明为：

  int a, b;

其中，int 是整型变量的类型说明符。int 的完整写法为 integer，为了增加程序的可读性，可将整型说明符用 typedef 定义：

  typedef int INTEGER;

以后就可用 INTEGER 来代替 int 做整型变量的类型说明了。例如：

  INTEGER a, b;

其等效于

  int a, b;

用 typedef 定义数组、指针、结构等类型更方便，不仅使程序书写简单而且使程序的含义更为明确，可读性增强。例如：

  typedef char NAME[20];

其表示 NAME 是字符数组类型，数组长度为 20。然后可用 NAME 说明变量，如 NAME a1, a2；完全等效于 char a1[20], a2[20];。

又如：

  typedef struct stu

  { char name[20];

    int age;

    char sex;

  }STU;

其中，STU 可代替 struct stu 来定义结构体类型变量：

  STU body1, body2;

typedef 定义的一般形式为：

　　typedef　原类型名　新类型名；

其中，原类型名中含有定义部分，新类型名一般用大写表示，以便于区别。

有时也可用宏定义来代替 typedef 的功能，但是宏定义是由预处理完成的，而 typedef 则是在编译时完成的，后者更为灵活方便。

 任务实施

前面介绍的知识已经涵盖了制作学生成绩管理程序所需的知识。

一、总体分析

根据"学生成绩管理程序"功能分析，功能模块如图 8.16 所示。

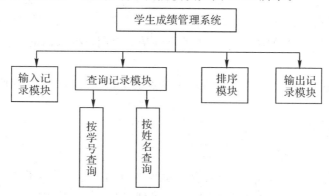

图 8.16　学生成绩管理程序功能模块图

二、系统总体设计

1. 功能模块设计

1）主函数 main()

main()函数中调用主菜单程序并进行按键判断。按键判断处理流程如下：

(1) 按键的有效值为 1～4，其他数字都视为错误按键。

(2) 若选择 1，则调用 Add()函数，执行添加学生记录的操作。

(3) 若选择 2，则调用 Disp()函数，执行将学生记录以表格形式输出至屏幕的操作。

(4) 若选择 3，则调用 Qur()函数，执行查询学生记录的操作。

(5) 若选择 4，则调用 Sort()函数，执行排序学生记录的操作。

(6) 若输入 1～4 之外的值，则调用 Wrong()函数，给出按键错误提示。

2）输入记录模块

输入记录模块的功能是将数据存入单链表中。若用户选择 1，则调用 Add()函数输入新的学生记录，从而完成在单链表中添加结点的操作。这里的字符串和数值的输入分别采用对应的函数来实现，在函数中完成输入数据的任务，并对数据进行条件判断，直到满足条件为止，其结果大大减少了代码的重复和冗余，符合模块化程序设计的特点。

3）输出记录模块

输出记录模块的功能是将数据以表格形式输出到屏幕上。若用户选择 2，则调用

Disp()函数，将单链表 i 中存储的学生记录信息输出。

4）查询记录模块

查询记录模块的功能是在单链表中按学生的学号或姓名查找满足相关条件的记录。在查询函数 Qur()中，i 为指向保存了学生成绩信息单链表的首地址的指针变量。我们将单链表中的指针定位操作设计成了一个单独的 Node()函数，若找到该记录，则返回指向该结点的指针；否则，返回一个空指针。

5）排序记录模块

排序记录模块的功能是对系统中的学生记录信息进行排序处理。本模块采取的排序算法是插入排序。单链表中插入排序的基本步骤如下：

（1）新建一个单链表 i，用来保存排序结果，其初始值为待排序单链表中的头结点。

（2）从待排序链表中取出下一个结点，将其总分字段值与单链表 i 各结点中的总分字段的值进行比较，直到在链表 i 中找到总分小于它的结点。若找到该结点，系统将从待排序链表中取出的结点插入此结点前，作为其前驱；否则，将取出的结点放在单链表 i 的尾部。

（3）重复步骤（2），直到待排序链表取出结点的指针域为 NULL，即此结点为链表的尾部结点。

2. 数据结构设计

1）学生成绩信息结构体

学生成绩信息结构体 student 用来存储学生的基本信息，将它作为单链表的数据域。为了简化程序，我们只取三门课程的成绩。代码如下：

```
typedef struct student
{
    char num[10];          /*保存学号*/
    char name[15];         /*保存姓名*/
    int cgrade;            /*保存 C 语言成绩*/
    int mgrade;            /*保存数学成绩*/
    int egrade;            /*保存英语成绩*/
    int total;             /*保存总分*/
    floatave;              /*保存平均分*/
    int mingci;            /*保存名次*/
}
```

2）单链表 node 结构体

代码如下：

```
typedef struct node
{
    struct student data;       /*数据域*/
    struct student * next;      /*指针域*/
}Node, * Link;
/* Node 是 node 类型的结构变量，* Link 是 node 类型的指针变量*/
```

3. 函数功能描述

1）printheader()函数

函数原型：

> void printheader()

printheader()函数用于在以表格形式显示学生记录时打印输出表头。

2）printdata()函数

函数原型：

> void printdata(Node * pp)

printdata()函数用于在以表格形式显示学生记录时，打印输出单链表 pp 中的学生信息。

3）stringinput()函数

函数原型：

> void stringinput(char * t, int lens, char * notice)

stringinput()函数用于输入字符串，并进行字符串长度验证（长度小于 lens）。t 用于保存输入的字符串，notice 用于保存 printf()中输出的提示信息。

4）numberinput()函数

函数原型：

> int numberinput(char * notice)

numberinput()函数用于输入数值型数据，并对输入的数据进行验证（0≤数据≤100）。

5）Disp()函数

函数原型：

> void Disp(Link i)

Disp()函数用于显示单链表 i 中存储的学生记录，内容为 student 结构中定义的内容。

6）Location()函数

函数原型：

> Node * Location(Link i, char findmess[], char nameornum[])

Location()函数用于定位链表中符合要求的结点，并返回指向该结点的指针。参数 findmess[]保存要查找的具体内容，nameornum[]保存按什么字段在单链表 i 中查找。

7）Add()函数

函数原型：

> void Add(Link i)

Add()函数用于在单链表 i 中增加学生记录的结点。

8）Qur()函数

函数原型：

> void Qur(Link i)

Qur()函数用于在单链表 i 中按学号或姓名查找满足条件的学生记录并显示出来。

9）Sort()函数

函数原型：

> void Sort(Link i)

Sort()函数用于在单链表 i 中利用插入排序算法实现单链表按总分字段降序排序。

10) main()函数

整个成绩管理系统给的控制部分。

三、功能实现

1. 编码实现

1) 程序预处理

程序预处理包括加载头文件、定义结构体、常量和变量，并进行初始化。其具体代码如下：

```
#include "stdio.h"
#include "stdlib.h"
#include "string.h"
#include "conio.h"
#define HEADER1 "------------------------------STUDENT------------------------------\n"
#define HEADER2 " | number | name | Comp | Math | Eng | sum |ave| mingci | \n"
#define HEADER3 " |----------|------|------|------|------|------|------| \n"
#define FORMAT  "  | %-7s| %-5s| %4d | %4d | %4d | %4d | %.2f | %4d |\n"
#define DATA   p->data.num, p->data.name, p->data.cgrade, p->data.mgrade,
p->data.egrade, p->data.total, p->data.ave, p->data.mingci
#define END   "------------------------------------------------------------------\n"
typedef struct student
{
    char num[10];            /* 保存学号 */
    char name[15];           /* 保存姓名 */
    int cgrade;              /* 保存 C 语言成绩 */
    int mgrade;              /* 保存数学成绩 */
    int egrade;              /* 保存英语成绩 */
    int total;               /* 保存总分 */
    float ave;               /* 保存平均分 */
    int mingci;              /* 保存名次 */
};
typedef struct node
{
    struct student data;
    struct student * next;
}Node, * Link;
```

2) 主函数 main()

主函数 main()主要实现了对整个系统的控制及相关模块函数的调用。其具体代码如下：

```
main()
{
    Link i;                                    /*定义链表*/
    int count=0;
    int s1;
    Node * p, * r;
    i=(Node * )malloc(sizeof(Node));
    if(!i
    {
        printf("memory malloc failure! \n");
        return;                                /*返回主界面*/
    }
    i->next=NULL;
    r=i;
    p=(Node * )malloc(sizeof(Node));
    if(!p)
    {
        p->next=NULL;
        r->next=p;
        count++;
    }
    menu();
    while(1)
    {
        system("cls");
        menu();
        p=r;
        Printf("\n Please Enter your choice(1-4):");
        scanf("%d", &s1);
        switch(s1)
        {
            case 1:Add(i);break;               /*调用输入学生记录函数*/
            case 2:Disp(i);break;              /*调用输出学生记录函数*/
            case 3:Qur(i);break;               /*调用查询学生记录函数*/
            case 4:Sort(i);break;              /*调用为学生记录排序函数*/
            default:Wrong();getchar();break;   /*输入有误,必须为数值1~4*/
        }
```

3）系统主菜单函数

主菜单函数 menu() 主要用于显示系统的主菜单界面，提示用户进行选择，完成相应的任务。其具体代码如下：

```
void menu()
{
    system("cls");
    printf(" The Students' Grade Management System\n");
    printf("* * * * * * * * * * * * * * * * * * * * * * * * * * * * *\n");
    printf("   *   1 input record      2  disp record\n");
    printf("   *   3 search record     4  sort record\n");
    printf("* * * * * * * * * * * * * * * * * * * * * * * * * * * * *\n");
}
```

4）表格显示记录

表格显示记录的具体代码如下：

```
void Disp(Link i)
{
    int k;
    Node * p=i->next;
    if(!p)
    {
        printf("\n=====>Not student record! \n");
        getchar();
        return;
    }
    printf("\n\n");
    printheader();                    /* 输出表格头部 */
    while(p)                          /* 逐条输出链表中存储的学生信息 */
    {
        printdata(p);
        p=p->next;
        printf(HEADER3);
    }
    scanf("%d", &k);
}
void printheader()                    /* 格式化输出表头 */
{
    printf(HEADER1);
    printf(HEADER2);
    printf(HEADER3);
}
void printdata(Node * pp)             /* 格式化输出表中数据 */
{
    Node * p;
    p = pp;
```

```
    printf(FORMAT, DATA);
}
void Wrong()                              /*输出按键错误信息*/
{
    printf("\n* * * * * Error:input has wrong! press any key to continue * * * * *\n");
    getchar();
}
void Nofind()                            /*输出未找到此学生的提示信息*/
{
    printf("\n= = = = =>Not find this student! \n");
}
```

5）记录查找定位

当用户进入系统后，对某个学生进行处理前需要在单链表 i 中按条件查找记录信息。
其具体代码如下：

```
    Node * Location(Link i, char findmess[], char nameornum[])
{
    Node * r;
    if(strcmp(nameornum,"num")==0)              /*按照学号进行查询*/
    {
        r=i->next;
        while(r)
        {
            if(strcmp(r->data. num,findmess)==0) /*找到 findmess 值的学生学号*/
                return r;
            r=r->next;
        }
    }
    else if(strcmp(nameornum,"name")==0)        /*按照姓名进行查询*/
    {
        r=i->next;
        while(r)
        {
            if(strcmp(r->data. name,findmess)==0) /*找到 findmess 值的学生姓名*/
                return r;
            r=r->next;
        }
    }
    return 0;                                   /*若未找到，返回一个空指针*/
}
```

6）格式化输入数据

本系统要求用户只能输入字符型和数值型数据，因此定义了 stringinput（）和 numberinput（）两个函数来单独处理，并对输入的数据进行验证。其具体代码如下：

```
int numberinput(char * notice)
{
    int t=0;
    do
    {
        printf(notice);
        scanf("%d", &t);
        if(t>100 ||t<0)                    /* 进行分数校验 */
            printf("\n score must in [0, 100]! \n");
    }while(t>100 || t<0);
    return t;
}
void stringinput(char * t, int lens, char * notice)
{
    char n[255];
    do
    {
        printf(notice);                    /* 显示提示信息 */
        scanf("%s", n);                    /* 输入字符串 */
        if(strlen(n)>lens)                 /* 进行长度校验 */
            printf("\n exceed the required length! \n");
    }while(strlen(n)>lens);
    strcpy(t, n);                          /* 将输入的字符串复制到字符串 t 中 */
}
```

7）增加学生记录

增加学生记录的具体代码如下：

```
void Add(Link i)
{
    Node *p, *r, *s;
    char ch,flag=0, num[10];
    r=i;
    s=i->next;
    system("cls");
    Disp(l);                        /* 先打印出已有的学生信息 */
    while(r->next! =NULL)           /* 将指针移至链表末尾,准备添加记录 */
        r=r->next;
    while(1)              /* 一次可输入多条记录,直至输入学号为 0 的记录结点停止添加操作
                                                                   */
```

```c
{   while(1)        /*输入学号,保证该学号没有被使用*/
    {
        stringinput(num,10,"input number(press '0' return menu):");    /*格式化输入学号
并检验*/
        flag=0;
        if(strcmp(num,"0")==0) return;
        s=i->next;
        while(s)     /*查询该学号是否存在,若存在,则要求重新输入一个未被占用的学号*/
        {
            if(strcmp(s->data.num,num)==0)
            {
                flag=1;break;
            }
            s=s->next;
        }
        if(flag==1)                        /*提示用户是否重新输入*/
        {
            getchar();
            printf("=====>The number %s is not existing,try again?(y/n):",num);
            scanf("%c",&ch);
            if(ch=='y'||ch=='Y')
                continue;
            else
                return;
        }
        else
            break;
    }
    p=(Node *)malloc(sizeof(Node));                /*申请内存空间*/
    if(!p)
    {
        printf("\n allocate memory failure");
        return;
    }
    strcpy(p->data.num,num);
    stringinput(p->data.name,15,"Name:");
    p->data.cgrade=numberinput("C language Score[0-100]:");
    p->data.mgrade=numberinput("Math Score[0-100]:");
    p->data.egrade=numberinput("English Score[0-100]:");
    p->data.total=p->data.egrade+p->data.cgrade+p->data.mgrade;
    p->data.ave=(float)(p->data.total/3);
    p->data.mingci=0;
```

```
            p－＞next＝NULL;
            r－＞next＝p;
            r＝p;
        }
        return;
    }
```

8）查询学生记录

用户可以对系统内的学生信息按学号或姓名进行查询，若此学生记录存在，则打印输出此学生记录的信息。其具体代码如下：

```
    void Qur(Link i)
    {
        int sel;                        /*1：按学号查，2：按姓名查，其他：返回主界面*/
        char searchinput[20];           /*保存用户输入的查询内容*/
        Node  * p;
        if(!i－＞next)                    /*若链表为空*/
        {
            system("cls");
            printf("\n＝＝＝＝＝＞No student record! \n");
            getchar();
            return;
        }
        system("cls");
        printf("\n  ＝＝＝＝＝＞1 Search by number ＝＝＝＝＝＞2 Search by name\n");
        printf("    please choice[1, 2]:");
        scanf("%d", &sel);
        if(sel＝＝1)                      /*按学号查询*/
        {
            stringinput(searchinput, 10, "input the existing srudent number:");
            p＝Location(i, searchinput, "num");
            if(p)
            {   printheader();
                printdata(p);
                printf(END);
                printf("press any key to return");
                getchar();
            }
            else
                Nofind();
            getchar();
        }
        else if(sel＝＝2)                 /*按姓名查询*/
```

```
            {
                stringinput(searchinput, 15, "input the existing srudent name:");
                p=Location(i, searchinput, "name");
                if(p)
                {
printheader();
printdata(p);
printf(END);
printf("press any key to return");
getchar();
                }
    else
                Nofind();
        getchar();
    }
    else
        Wrong();
        getchar();
}
```

9) 排序学生记录

在排序学生记录的操作中，系统以插入排序算法实现单链表的按总分字段的降序排序，并打印排序前、后的结果。其具体代码如下：

```
    void Sort(Link i)
    {
    Link ll;
    Node  * p, * rr, * s, * h;
int k=0;
    if(i->next==NULL)
    {
        system("cls");
        printf("\n=====>Not student record! \n");
        getchar();
        return;
    }
    ll=(Node  * )malloc(sizeof(Node));            /* 用于创建新的结点 */
    if(!ll)
    {
        printf("\n allocate memory failure");
        return;
    }
    ll->next=NULL;
```

```
    system("cls");
    Disp(i);                                  /*显示排序前的所有学生记录*/
    p=i->next;
    while(p)
    {
        s=(Node *)malloc(sizeof(Node));       /*新建结点用于保存从原链表中取出的结点信
                                                息*/
        if(! s)
        {
            printf("\n allocate memory failure");
            return;
        }
        s->data=p->data;                      /*填数据域*/
        s->next =NULL;                        /*指针域为空*/
        rr=ll;   /*rr链表为在存储插入单个结点后保持排序的链表,ll是这个链表的头指针*/
        while((h=rr->next)!=NULL && h->data. total>=p->data. total)
            rr=rr->next;                      /*指针移至总分比p所指结点的总分小的结点位置*/
        if(rr->next==NULL)
            rr->next=s;
        else
        {
            s->next=rr->next;
            rr->next=s;
        }
        p=p->next;                            /*原链表中的指针下移一个结点*/
    }
    i->next=ll->next;                         /*ll中存储的是已排序的链表的头指针*/
    p=i->next;
    while(p!=NULL)
    {
        k++;
        p->data. mingci=k;
        p=p->next;
    }
    Disp(i);
    printf("\n  =====>sort complete! \n");
}
```

2. 运行调试

程序运行后,进入系统,主界面如图 8.17 所示。

```
The Students' Grade Management System
****************************************
 *  1 input record     2 disp record
 *  3 search record    4 sort record
****************************************
```

图 8.17　学生成绩管理系统主菜单

按“1”键并按“Enter”键，即可进入如图 8.18 所示的数据输入界面。

```
=====>Not student record!
input number(press '0' return menu): 101
Name: Lily
C language Score[0-100]:85
Math Score[0-100]:75
English Score[0-100]:90
input number(press '0' return menu): 102
Name: Tom
C language Score[0-100]:100
Math Score[0-100]:87
English Score[0-100]:90
input number(press '0' return menu):
```

图 8.18　输入学生记录

添加完学生记录后，按“2”键并按“Enter”键，即可查看学生记录信息。界面如图 8.19 所示的数据输入界面。

```
.................................STUDENT..................................
 |  number      | name   | Comp  | Math  |  Eng  | sum   | ave       | mici |
 |..............|........|.......|.......|.......|.......|...........|......|
 |   101        | Lily   |   85  |   75  |   90  |  250  | 83.00     |    0 |
 |..............|........|.......|.......|.......|.......|...........|......|
 |   102        | Tom    |  100  |   87  |   90  |  277  | 92.00     |    0 |
 |..............|........|.......|.......|.......|.......|...........|......|
```

图 8.19　显示学生记录信息

按“3”键并按“Enter”键，即可进入查询记录界面。按“1”键可以按照学号查询，如图 8.20 所示。按“2”键可以按照姓名查询，如图 8.21 所示。

```
    =====>1 Search by number =====>2 Search by name
    please choice[1,2]:1
input the existing srudent number:101
.................................STUDENT..................................
 |  number      | name   | Comp  | Math  |  Eng  | sum   | ave       | mici |
 |..............|........|.......|.......|.......|.......|...........|......|
 |   101        | Lily   |   85  |   75  |   90  |  250  | 83.00     |    0 |
...........................................................................
press any key to return
```

图 8.20　按学号查询学生记录

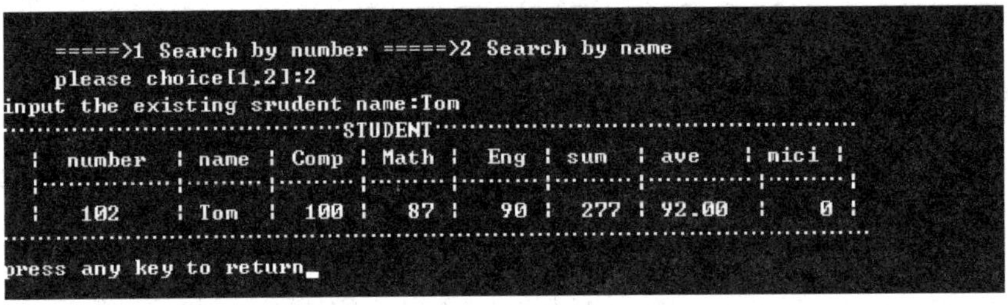

图 8.21　按姓名查询学生记录

按"4"键并按"Enter"键，即可进入排序学生记录界面，如图 8.22 所示。

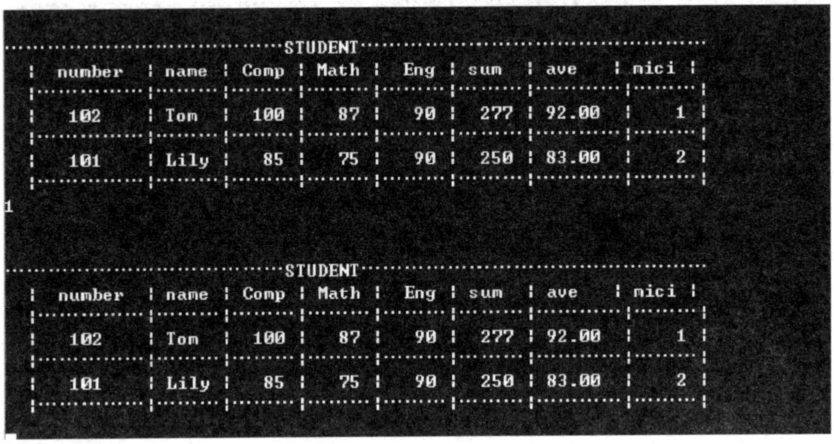

图 8.22　排序学生记录信息

任务小结

　　通过"学生成绩管理程序"任务，学习了 C 语言中结构体类型、结构体变量、结构体数组、结构体指针的定义和引用方法，学习了用结构体进行链表的简单操作。另外，延伸学习了共用体及枚举类型的概念、定义和引用方法及已有类型的别名的定义方法。

课后习题

一、选择题

1. 定义以下结构体类型：

```
struct s
{
    int a;
    char b;
    float f;
};
```

则语句 printf("%d", sizeof(struct s)) 的输出结果为(　　)。

A. 3　　　　　　　B. 7　　　　　　　C. 6　　　　　　　D. 4

2. 当定义一个结构体变量时，系统为它分配的内存空间是(　　)。

A. 结构中一个成员所需的内存容量

B. 结构中第一个成员所需的内存容量

C. 结构体中占内存容量最大者所需的容量

D. 结构中各成员所需内存容量之和

3. 定义以下结构体数组：

```
struct  c
{  int x;
    int y;
}s[2]={1，3，2，7};
```

语句 printf("%d"，s[0].x * s[1].x)的输出结果为(　　　)。

A. 14　　　　　　　B. 6　　　　　　　C. 2　　　　　　　D. 21

4. 运行下列程序段，输出结果是(　　　)。

```
struct country
{  int num;
    char name[10];
}x[5]={1，"China"，2，"USA"，3，"France"，4，"England"，5，"Spain"};
struct country * p;
p=x+2;
printf("%d，%c"，p->num，( * p).name[2]);
```

A. 3，a　　　　　　B. 4，g　　　　　　C. 2，U　　　　　　D. 5，S

5. 下面程序的运行结果是(　　　)。

```
struct KeyWord
{  char Key[20];
    int ID;
}kw[]={"void"，1，"char"，2，"int"，3，"float"，4，"double"，5};
main()
{  printf("%c，%d\n"，kw[3].Key[0]，kw[3].ID);}
```

A. i，3　　　　　　B. n，3　　　　　　C. f，4　　　　　　D. l，4

6. 如果有下面的定义和赋值，则使用(　　　)不可以输出 n 中 data 的值。

```
struct SNode
 {  unsigned id;
     int data;
}n, * p;
p=&n;
```

A. p.data　　　　　B. n.data　　　　　C. p->data　　　　D. (* p).data

7. 根据下面的定义，能输出 Mary 的语句是(　　　)。

```
struct person
{  char name[9];
    int age;
};
struct person class[4]={"Jon"，17，"Pal"，19，"Mary"，18，"Adam"，16};
```

A. printf("%s\n", class[1]. name);

B. printf("%s\n", class[2]. name);

C. printf("%s\n", class[3]. name);

D. printf("%s\n", class[0]. name);

8. **定义以下结构体数组：**

```
struct date
{   int year；
    int month；
    int day；
}；
struct s
{   struct date birthday；
    char name[20]；
}x[4]={{2008，10，1，"guangzhou"}，{2009，12，25，"Tianjin"}}；
```

语句 printf("%s，%d"，x[0]. name，x[1]. birthday. year)；的输出结果为(   )。

A. Guangzhou，2009   B. Guangzhou，2008

C. Tianjin，2008   D. Tianjin，2009

9. 运行下列程序，输出的结果是(   )。

```
struct contry
{   int num；
    char name[20]；
}x[5]={1，"China"，2，"USA"，3，"France"，4，"England"，5，"Spani"}；
main()
{   int i；
    for(i=3；i<5；i++)
    printf("%d%c"，x[i]. num，x[i]. name[0])；
}
```

A. 3F4E5S   B. 4E5S   C. F4E   D. c2U3F4E

10. 下列程序的输出结果是(   )。

```
struct stu
{   int num；
    char name[10]；
    int age；
}；
void fun(struct stu   * p)
{   printf("%s\n"，( * p). name)； }
main()
{   struct stu students[3]={{9801，"Zhang"，20}，
                            {9802，"Wang"，19}，
                            {9803，"Zhao"，18}}；
    fun(students+2)；
}
```

A. Zhang　　　　　　B. Zhao　　　　　　C. Wang　　　　　　D. 18

11. 下面程序的运行结果是(　　　)。

```
main( )
{   struct cmplx
    {  int x;
       int y;
    }cnum[2]={1,3,2,7};
    printf("%d\n",cnum[0].y/cnum[0].x*cnum[1].x);
}
```

A. 0　　　　　　　　B. 1　　　　　　　　C. 3　　　　　　　　D. 6

12. 当说明一个共用体变量时，系统分配给它的内存是(　　　)。

A. 各成员所需内存量的总和

B. 结构中第一个成员所需内存量

C. 成员中占内存量最大者所需的内存量

D. 结构中最后一个成员所需内存量

二、编程题

1. 设计某结构数组存放 N 个学员某门课的成绩，定义一系列函数，统计该门课的最高分、最低分、平均分和合格率，并按该门课程分数降序排列后输出。

2. 定义一个 student 的枚举类型，枚举表中是班级所有同学的姓名，枚举常量的值就是每个同学的学号，编程实现输入班级同学的学号，显示他的姓名。

任 务 九

文 件 访 问

 学习目标

【知识目标】

· 了解 C 文件的概念及文件的分类。

· 掌握 C 文件类型指针及文件的打开和关闭操作。

· 掌握文件的读写操作。

· 掌握文件定位函数的使用方法。

· 掌握文件状态检测函数的使用方法。

【能力目标】

· 能够对文本文件、二进制文件进行访问。

· 能够使用文件访问操作进行程序设计。

【重点、难点】

· 文件指针的定义方法、文件的基本操作方法。

 任务简介

从键盘上输入两个学生的基本信息并将信息存放到磁盘文件中，然后将写入磁盘的学生信息读出并显示到屏幕上。

 任务分析

本任务通过程序将输入的数据以二进制的形式写到磁盘文件中，然后再通过程序从文件中读取出数据并显示到屏幕上。本任务具有如下特性：

（1）建立学生信息的结构体 student。

（2）以二进制读写方式打开文件。

（3）从键盘输入学生信息数据，使用二进制文件写的方法将其写到文件中。

（4）使用二进制文件读的方法将文件中的学生信息读出并显示到屏幕上。

（5）将文件关闭。

 支撑知识

熟悉了文件访问的功能后，还需要先学习以下一些支撑知识。

· 文件的概述。

· 文件指针。

· 文件的打开与关闭。

· 文件的访问。

一、文件的概述

1. 文件的概念

在前面各章节介绍的程序中，运行时所需要的数据通常是从键盘输入的，运行的结果则是将数据显示到显示器上。一般来说，键盘和显示器适合处理少量数据和信息的输入与输出，它方便快捷，是常用的输入输出设备。但是如果要进行大量数据的加工处理，键盘和显示器的局限性就很明显了。通常的做法是利用磁盘作为数据的存放中介，将输入的数据以文件的方式保存在磁盘上，运行的结果也作为文件保存在磁盘上。这样做的好处既可以做到程序和数据的分离，使程序可以满足不同数据处理的需要，也可以实现数据的重复使用，减少数据的反复输入。

数据在磁盘上是以文件的形式存放的。文件是指存储在磁盘等外部介质上的一组相关数据的有序集合。这个数据集有一个名称，叫做文件名。在前面的章节中我们已经多次使用了文件，如源程序文件、目标文件、可执行文件、库文件等。

2. 文件的类型

从不同角度可以将文件划分成不同的类别。

（1）从用户的角度来看，文件可分普通文件和设备文件。

普通文件是指驻留在磁盘或其他外部介质上的一组有序数据的集合，可以是源文件、目标文件、可执行文件，也可以是一组待输入处理的原始文件或是一组输出的结果。源文件、目标文件、可执行文件称为程序文件，输入、输出的数据称为数据文件。

设备文件是指与主机相连的输入和输出设备。在操作系统中，可以将输入和输出设备看做是一个文件来管理，对它们的输入和输出等同于对磁盘文件的读和写。例如，键盘被定义为输入文件，从键盘上输入就是从标准输入文件上输入数据，scanf、getchar 等函数都属于这类输入。显示器和打印机被定义为输出文件，在屏幕上显示有关信息就是向标准输出文件输出，printf()、putchar() 等函数就是这类输出文件。

（2）从数据的组织方式来看，文件可分文本文件和二进制文件。

文本文件（也称为 ASCII 文件）是指文件中的每个字符以其 ASCII 码的形式存储在文件中，文件中的每个字符占一个字节。例如，整型数据 5678 在内存中占 2 个字节，而如果以文本文件的形式存储则占 4 个字节。实型数据 3.1415 在内存中占 4 个字节，而如果以文本文件的形式存储则占 6 个字节，其中小数点也占 1 个字节。所以将文本文件中的数据读入内存处理时，需要将其从文件中数据的存储形式转换为内存中的存储形式。

文本文件的优点是可以直接阅读，而且 ASCII 码标准统一，使文件易于移植。但其缺

点是输入、输出都要进行转换，效率低。

二进制文件是指文件中的数据是以其在内存中存放的形式存储到文件中的。整型数据在内存中占 2 个字节，如果将整型数据存储到二进制文件中，该数据还占 2 个字节。实型数据在内存中占 4 个字节，而如果将该数据存储到二进制文件中，该数据还占 4 个字节，所以将二进制文件中的数据读入内存处理时，不需要中间转换。由此可见，二进制文件节省存储空间且存取速度比文本文件的存取速度快。

（3）从文件的存取方式来看，文件可分为顺序文件和随机文件。

顺序存储是指只能依照先后次序存取文件中的数据，例如，在流式文件中，存取完第一个字节，才能存取第二个字节，存取完第 $n-1$ 个字节，才能存取第 n 字节。顺序文件是可以进行顺序存取的文件。

随机存取也称为直接存取，可以直接存取文件中指定的数据。例如，在流式文件中，可以直接存取指定的第 i 个字节，而不需要管第 $i-1$ 个字节是否已经被存取。随机文件是可以进行随机存取的文件。

二、文件指针

在 C 语言中，用一个指针变量指向一个文件，这个指针被称为文件指针。通过文件指针可对它所指的文件进行各种操作。定义说明文件指针的一般形式为：

    FILE ＊指针变量；

其中，FILE 应为大写，它是由系统定义的一个结构，这个结构定义在 stdio. h 中，其中存放着文件的名字、状态、大小以及文件的位置等信息。程序中可以用 FILE 类型定义指针变量，以指向文件，在编写程序时不需要关心 FILE 结构的细节。例如：

    FILE ＊fp；

其中，fp 是指向 FILE 结构的指针变量，通过 fp 即可找到存放某个文件信息的结构变量，然后按照结构变量提供的信息找到该文件，实施对文件的操作。我们把 fp 称为指向文件的指针。文件的访问必须通过文件指针来完成，定义文件指针时必须包含头文件 stdio. h。

三、文件的打开与关闭

文件在进行读写操作之前要先打开，使用完毕要关闭。打开文件实际上是指建立文件的各种有关信息，并使文件指针指向该文件，以便进行其他操作。关闭文件则是指断开指针与文件之间的联系，禁止再对该文件进行操作。

1. 文件的打开

文件的打开操作使用库函数 fopen() 实现，如果要打开的文件不存在，fopen() 函数就在当前的目录下新建文件，如果文件存在则打开该文件。fopen() 函数可以与文件之间建立联系，并将该文件的 FILE 类型指针返回给函数的调用者。该函数的一般调用形式为：

    文件指针变量＝fopen(文件名，文件打开方式)；

例如：

    FILE ＊fp；
    fp＝fopen("d:\aa. txt"，"w")；

该语句的功能是通过 fopen() 函数以只写方式("w"代表只写)打开文件名为"d:\aa. txt"的文

件，并将该文件的 FILE 类型指针返回给指针变量 fp。若文件"d:\aa.txt"不存在，则新建文件。

说明：

（1）文件名指出要打开文件的路径和文件的名称。

（2）文件的打开方式指出文件打开后的使用方式，如读文件或写文件等操作。

文件的打开方式有多种，其说明如表 9.1 所示。

表 9.1　文件的打开方式及其说明

打开方式	说　　明
r	以只读方式打开文件，只允许读取，不允许写入。该文件必须存在
r+	以读写方式打开文件，允许读取和写入。该文件必须存在
rb+	以读写方式打开一个二进制文件，允许读或写数据
rt+	以读写方式打开一个文本文件，允许读或写数据
w	以只写方式打开文件，若文件存在，则将长度清为零，即该文件内容消失；若文件不存在，则创建该文件
w+	以读写方式打开文件，若文件存在，则将文件长度清为零，即该文件内容会消失；若文件不存在，则建立该文件
a	以追加的方式打开只写文件。若文件不存在，则会建立该文件；若文件存在，则写入的数据会被加到文件尾，即文件原先的内容会被保留（文件结束符 EOF 保留）
a+	以追加方式打开可读写的文件。若文件不存在，则会建立该文件；若文件存在，则写入的数据会被加到文件尾，即文件原先的内容会被保留（原来的文件结束符 EOF 不保留）
wb	以只写方式打开或新建一个二进制文件，只允许写数据
wb+	以读写方式打开或建立一个二进制文件，允许读或写数据
wt+	以读写方式打开或建立一个文本文件，允许读或写数据
at+	以读写方式打开一个文本文件，允许读或在文本末追加数据
ab+	以读写方式打开一个二进制文件，允许读或在文件末追加数据

如果文件成功被打开，fopen()函数将会返回一个文件类型的指针，那么就可以使用该文件指针对文件进行操作；而如果文件打开失败，那么文件指针的值为 NULL。通常用下面的代码打开并判断文件打开是否成功：

```
FILE * fp;
fp=fopen("d:\aa.txt","w");
if(fp==NULL)
{
    printf("Can not open the file\n");
    exit(0);
}
```

2. 文件的关闭

文件的读写操作完成后，必须关闭文件，以防文件的数据丢失或被误操作。文件的关闭实际上是切断文件指针与文件的关系。

文件的关闭操作使用库函数 fclose() 完成，fclose() 函数的声明是：

```
int fclose(FILE * stream);
```

例如：

```
fclose(fp);
```

关闭 fp 指向的文件。当文件正常关闭时，fclose() 函数的返回值为 0；否则返回值为非 0 值，这时表示有错误发生。

四、文件的访问

文本文件的读写操作，必须按文件中的字符的先后顺序进行，即只能在操作了第 i 个字符之后，才能操作第 i+1 个字符。在对文件操作时，文件的读写指针由系统自动向后移动。

C 语言提供了多种文本文件的读写函数：字符读写函数、字符串读写函数及格式化读写函数等。

1. 写入文本文件

向文件中写入数据，需要以只写方式打开文件。

1）格式化写函数（fprinf()）

函数调用的一般形式为：

```
fprintf(文件指针，格式控制字符串，输出列表);
```

其中，格式控制字符串和输出列表的规定与 printf() 函数的使用方法相同。

例如，向文件中写入整数 a 的十进制值，可写出：

```
fprintf(fp, "%d", a);
```

fprintf() 函数的返回值的意义是：返回发送的字符数，若发生错误则返回负值，例如：

```
fprintf(fp, "%d", a);        //若输入 123 则返回 4(包括回车)
```

例 9－1　通过程序将键盘输入的信息（如图 9.1 所示）存入到文件中。

代码如下：

```
# include <stdio. h>
# include <string. h>
main()
{
    char account[30];              //账号名
    int password;                  //密码
    double balance;                //余额
    FILE * fp;
    if((fp=fopen("clientsInfo. dat", "w"))==NULL)
        printf("文件打开失败! \n");
    else
```

```
    {
        printf("Enter the account, password and the balance:\n");
        printf("Enter EOF to end input. \n");
        while(1)
        {
            scanf("%s%d%lf", account, &password, &balance);
            if(strcmp(account, "EOF")==0)
                break;
            fprintf(fp, "s   %d   %. 2lf\n", account, password, balance);
        }
        fclose(fp);
    }
}
```

程序的运行结果如图 9.2 所示。

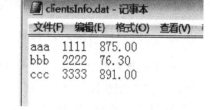

图 9.1　键盘输入的信息　　　　　　　图 9.2　文件内容查看

在当前目录下，产生了一个"clientsInfo. dat"文件，用记事本打开可以看到刚输入的内容已经被写入。

2）字符写函数（fputc（））

fputc（）函数的功能是把一个字符写入指定的文件中，该函数常用的调用形式为：

　　fputc（字符，文件指针）；

文件的打开方式必须是"w"、"w+"、"a"和"a+"。函数执行后未写入一个字符，文件内部的位置指针向后移动一个字节。

fputc（）函数的返回值的意义是：若写成功，则返回这个写入的字符；否则，返回 EOF。

例如，fputc（'a'，fp）；表示把字符'a'写入 fp 所指向的文件中。

例 9-2　从键盘输入若干个字符，如图 9.3 所示，逐个把它们写到磁盘文件中去，直到输入回车换行符"\n"为止。

代码如下：

```
#include <stdio. h>
main()
{
    char ch;
    FILE * fp;
```

```
        if((fp=fopen("clientsInfo. dat","w"))==NULL)
          printf("文件打开失败！\n");
        else
          {
              while((ch=getchar())! ='\n')
                fputc(ch,fp);
              fclose(fp);
          }
    }
```

程序的运行结果如图 9.4 所示。

图 9.3　键盘输入的信息

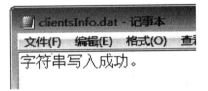

图 9.4　文件内容查看

3) 字符串写函数 fputs()

fputs() 函数的功能是向指定的文件中写入一个字符串，该函数调用的形式为：

　　fputs(字符串，文件指针);

fputs() 函数的返回值的意义是：若写成功，则返回写入的最后一个字符；否则，返回 EOF。

例如，fputs("abcd",fp);表示把字符串"abcd"写入 fp 所指定的文件之中。其中，字符串可以是字符串常量，也可以是字符数组名或指针变量。

例 9－3　从键盘输入一个字符串，如图 9.5 所示，并把这个字符串写到磁盘文件中去。

代码如下：

```
    #include <stdio. h>
    main()
    {
      char s[200];
      FILE * fp;
      if((fp=fopen("clientsInfo. dat","w"))==NULL)
          printf("文件打开失败！\n");
      else
        {   printf("请输入一个字符串\n");
            scanf("%s", s);
            fpurs(s, fp);
            fclose();

        }
    }
```

程序的运行结果如图 9.6 所示。

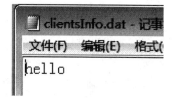

图 9.5 键盘输入的信息　　　　图 9.6 文件内容查看

程序在运行时，输入字符串"hello c"，当用 s 格式符输入时，遇到空格字符串的输入就结束了，所以输入的字符串为"hello"，写入文件的字符串也是"hello"。

2. 读取文本文件

将文件中的数据读取出来，需要以只读方式打开文件。

1) 格式化读函数(fscanf())

fscanf()函数调用的一般形式为：

　　fscanf(文件指针,格式控制字符串,输入地址表);

其中，格式控制字符串和输入地址列表的规定与 scanf()函数的使用方法相同。

例如，从文件中读取一个十进制整数并保存到变量 a 中，可写出：

　　fscanf(fp,"%d",&a);

fscanf()函数的返回值的意义是：返回成功赋值的输入项数，若发生匹配错误，则返回输入项数会少于类型符对应的实参个数，甚至为 0。例如：

　　fscanf(fp,"%d",&a);　　　//成功匹配返回 1，否则返回 0
　　fscanf(fp,"%d%c",&a,&b);　//都成功匹配返回 2，一个匹配成功返回 1，否则返回 0

例 9 - 4 从文件"clientsInfo. dat"(如图 9.7 所示)中读取信息。

图 9.7 文件内容

代码如下：

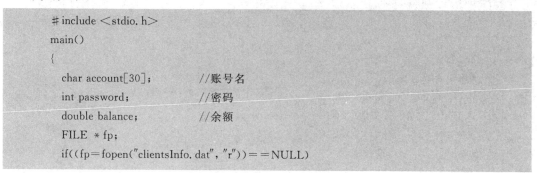

```
#include <stdio.h>
main()
{
    char account[30];        //账号名
    int password;            //密码
    double balance;          //余额
    FILE * fp;
    if((fp=fopen("clientsInfo.dat","r"))==NULL)
```

```
            printf("文件打开失败！\n");
        else
            {
                while(1)
                    {
                        int a=fscanf(fp, "%s %d %If", account，&password，&balance);
                        if(a!=3)
                            break;
                        printf("account:%s, password:%d, balance=%.2f\n", account, password, balance);
                    }
                fclose(fp);
            }
        }
```

程序的运行结果如图 9.8 所示。

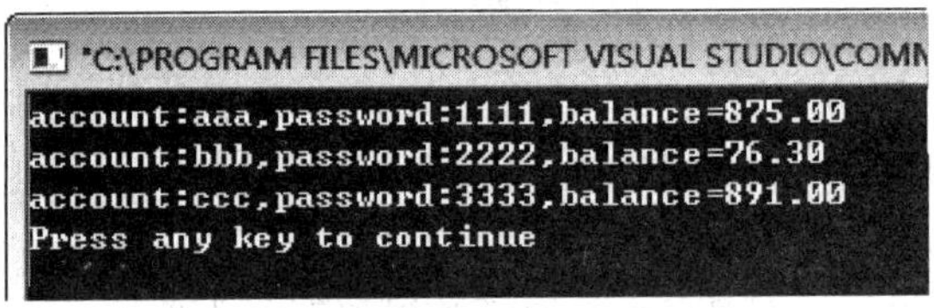

图 9.8　屏幕上读出内容

2) 字符读函数(fgetc())

fgetc()函数的功能是从文件指针指向的文件中读取一个字符，该函数常用的调用形式为：

　　　字符变量=fgetc(文件指针)；

其中，文件的打开方式必须是"r"、"r+"。

例如，ch=fgetc(fp)；表示从 fp 所指的文件中读取一个字符，赋值给变量 ch。若读取字符时文件已经结束或出错，将文件结束符 EOF 赋给 ch。

例 9－5　将文件中的字符(如图 9.9 所示)逐个读出，并显示到屏幕上。

代码如下：

```
#include <stdio.h>
main()
{
    char ch;
    FILE * fp;
    if((fp=fopen("clientsInfo.dat","r"))==NULL)
        printf("文件打开失败！\n");
    else
        {
```

```
    while((ch=fgetc(fp))!=EOF)
        printf("%c", ch);
    fclose(fp);
  }
}
```

程序的运行结果如图 9.10 所示。

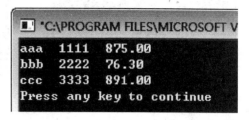

图 9.9　文件内容　　　　　　　图 9.10　屏幕上读出内容

3）字符串读函数 fgets()

fgets() 函数的功能是从指定的文件中读取一个字符串到字符数组中，该函数常用的调用形式为：

　　fgets(字符数组名，n，文件指针)；

例如，fgets(str, n, fp);表示从 fp 所指的文件中读出 n-1 个字符送入字符数组 str 中并在读取的最后一个字符后加上字符串结束标志'\0'。fgets()函数在读出 n-1 个字符之前，如果遇到了换行符"\n"或 EOF，则结束当前读操作。

fgets() 函数的返回值的意义是：

（1）当 n<0 时，则返回 NULL，即空指针。

（2）当 n=1 时，返回空串""。

（3）若读入成功，则返回字符数组的首地址。

（4）若读入错误或遇到文件结尾（EOF），则返回 NULL。

例 9-6　从文件中读取字符串，如图 9.11 所示，并把该字符串显示到屏幕上。

代码如下：

```
#include <stdio.h>
main()
{
  char s[200];
  FILE *fp;
  if((fp=fopen("clientsInfo.dat", "r"))==NULL)
    printf("文件打开失败！\n");
  else
    {
      while(fgets(s, 200, Fp)!=NULL)
        printf("%s\n", s);
```

```
        fclose();
    }
}
```

程序的运行结果如图 9.12 所示。

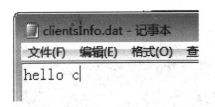

图 9.11 文件内容

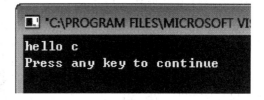

图 9.12 屏幕上读出的内容

3. 二进制文件的读写

二进制文件存储信息的形式与内存中存储信息的形式是一致的，如果需要在内存与磁盘文件之间频繁交换数据，最好采用二进制文件。

二进制文件一般是同类型数据的集合，数据之间无分隔符，每个数据所占字节数是一个固定值，因此二进制文件除了可以顺序存储外还可以运用定位函数方便地进行随机存取。

二进制文件的读写操作可分别用数据块读函数 fread() 和写函数 fwrite() 完成。运用数据块读写函数可建立整型、实型、结构体类型等各种类型的二进制文件。数据块读写函数的一般调用形式分别为：

```
fread(buffer, size, count, fp);
fwrite(buffer, size, count, fp);
```

以上两个函数的参数说明如下：

(1) buffer 是一个指针，在 fread() 函数中，它表示存放输入数据的首地址；在 fwrite() 函数中，它表示存放数据的首地址。

(2) size 表示数据块的字节数。

(3) count 表示要读写数据块的个数。

(4) fp 为指针文件。

例如：

```
fwrite(fa, 4, 5, fp);
```

其作用是将 fa 指向的存储区中 5 个 4 字节大小的数据项写入 fp 所指向的文件中。

例如：

```
fread(fa, 4, 5, fp);
```

其作用是从 fp 所指文件中读取 5 个 4 字节大小的数据，存入 fa 所指的存储区中。

注意：数据块读写函数只能应用于二进制文件，打开二进制文件必须使用 b 模式。

例 9 - 7 从键盘输入两个学生信息(包括姓名、编号、年龄及地址)，存入一个二进制文件中，然后再读出这两个学生的信息并显示在屏幕上。

代码如下：

```
#include<stdio. h>
#include<stdlib. h>
struct stu/ * 定义结构体类型 * /
{
    char name[10];
    int num;
    int age;
    char addr[15];
}a[2], b[2], * p, * q;        / * 定义结构体数组和结构体指针 * /
main()
{
    FILE * fp;
    int i;
p=a;
q=b;
if((fp=fopen("stu_list", "wb++"))==NULL)
{
    printf("文件不能打开!");
    exit(1);
}
printf("\n 请输入两个学生信息: \n");
for(i=0;i<2;i++, p++)
    scanf("%s%d%d%s", p->name, &p->num, &p->age, p->addr);
p=a;
fwrite(p, sizeof(struct stu), 2,Fp);
rewind(fp);
fread(q, sizeof(struct stu), 2,Fp);
printf("---------------------------------------------\n");
printf("\n\n 姓名\t 编号   年龄   地址\n");
for(i=0;i<2;i++, q++)
    printf("%s\t%4d%5d   %s\n", q->name, q->num, q->age, q->addr);
fclose(fp);
}
```

本例定义了两个结构体类型的数组 a 和 b 及两个结构体类型的指针变量 p 和 q，数组 a、b 用于存放学生信息，p 指向数组 a，q 指向数组 b，这为程序处理提供了方便。

程序中以读写方式打开了二进制文件"stu_list"，从键盘输入两个学生数据后写入该文件中，然后把文件内部位置指针移到文件首，读出两块学生数据后，将其显示到屏幕上。

本例在磁盘上生成了二进制文件"stu_list"，与文本文件不同，该文件不能直接在 Windows 下打开查看文件内容。

4. 文件定位与随机读写

前面介绍的文件的读写方式都是顺序读写，即从文件开头逐个读写数据。但是在实际问题中常常要求只读写文件中某一指定的部分。为了解决这个问题，可移动文件内部的位置指针到需要读写的位置再进行读写，这种读写称为随机读写。文件中有一个读写位置指针，指向当前读写的位置。

1）文件定位

文件定位函数 fseek()，该函数的功能是把文件定位设置到需要的地方，函数的调用形式为：

> fseek（文件指针，位移量，起始点）;

其中，位移量表示移动的字节数。位移量是 long 型数据，可以取正数也可以取负数。当位移量为正数时，表示将读写指针从起始点向前移动；当位移量为负数时，表示将读写指针从起始点向后移动。

起始点有三个值，其取值如表 9.2 所示。

表 9.2　起始点的取值

起始点	符号常量	数字表示
文件首	SEEK_SET	0
当前位置	SEEK_CUR	1
文件末尾	SEEK_END	2

例如：

fseek（fp，50L，0）;表示将文件位置指针从文件开始位置向后移动 50 个字节。

fseek（fp，−50L，2）;表示将文件位置指针从文件末尾位置向前移动 50 个字节。

fseek()函数一般只适用于二进制文件，因为对应 ASCII 文件，函数在进行定位时需要对字符进行转换，因此可能会出现位置的计算错误问题。

rewind()函数的功能是将文件内部的位置指针重新移动到文件的开始位置，函数的调用形式为：

> rewind（文件指针）;

ftell()函数可以获取到文件位置指针在文件中的当前位置，函数的调用形式为：

> ftell（文件指针）;

函数的返回值为从文件开始位置到文件位置指针所处的当前位置之间的总字节数。若函数的返回值为−1L，则表示位置出错。

2）文件随机读写

例 9 - 8　从学生文件"stu_list"中读出第三个学生的信息。

代码如下：

```
#include<stdio.h>
struct stu/＊定义结构体类型＊/
{
    char name[10];
```

```
        int num;
        int age;
        char addr[15];
}stu1，* p;
main()
{
        FILE  * fp;
        p=&stu1;
        if((fp=fopen("stu_list"，"rb"))==NULL)
            printf("文件不能打开!");
        rewind(fp);
    fseek(fp，2 * sizeof(struct stu)，0);
    fread(p，sizeof(struct stu)，1,fp);
    printf("\n\n 姓名\t 编号  年龄  地址\n");
    printf("%s\t%4d%5d  %s\n"，p->name，p->num，p->age，p->addr);
    fclose(fp);
}
```

3）随机读写的应用

例 9-9 假设文件"stu_list"中以二进制方式存储着 10 条学生信息，学生信息包括学号、姓名、成绩，现在要求输入某个学生的学号后，输出相应学生的信息。假设学生学号为 1~10，则代码为：

```
#include<stdio.h>
struct stu/ * 定义结构体类型 * /
{
        int num;
        char name[10];
        float score;
} * p，stu1;
main()
{
        FILE * fp;
        int num;
        p=&stu1;
        if((fp=fopen("stu_list"，"rb"))==NULL)
        printf("文件不能打开!");
        printf("请输入学生的学号(1-10):");
        scanf("%d"，&num);
        fseek(fp，(num-1) * sizeof(struct stu)，0);
        fread(p，sizeof(struct stu)，1,fp);
        printf("\n\n 学号\t 姓名  成绩\n");
```

```
        printf("%d\t%s%f \n", p->num, p->name, p->score);
        fclose(fp);
    }
```

该程序中读取第 i 个学生的信息，需要将文件位置指针移动到距文件开头(i-1) * sizeof(struct stu)个字节的位置上。

通过文件定位函数可以快速将位置指针移动到所需的文件位置，而不用从头按顺序读取文件内容，从而提高文件存取的速度。

任务实施

通过前面的知识铺垫，我们已经具备了制作文件访问程序的相关知识，下面我们就来具体实施任务。

一、总体分析

根据"文件访问程序"功能分析，具体设计步骤如下：

(1) 建立学生信息的结构体，声明四个变量，即两个结构体变量数组，两个结构指针。

(2) 定义输入数据函数 setInfo()和用来显示数据的函数 display()。

(3) 主函数中定义用来操作文件的指针 fp。

(4) 使用 fopen()函数以读写的形式在 D 盘下建立文件"sc_list"，如果建立不成功，函数返回值为 null，则需要调用 exit()函数退出程序。

(5) 调用 setInfo()函数输入学生的信息数据。

(6) 使用 fwrite()函数向已建立好的文件中写入两个数据块。

(7) 使用 rewind(fp)函数将读取指针定位在文件的首部，为读取数据做准备。

(8) 使用 fread()函数读取文件的数据。

(9) 调用 dispaly()函数将读到的数据显示到屏幕上。

(10) 使用 fclose(fp)函数关闭文件操作。

二、功能实现

1. 编码实现

代码如下：

```
#include<stdio.h>
#include<conio.h>
struct student            /*定义学生基本信息结构体类型*/
{
    char * name;
    char * no;
    double sc_all;        //平均成绩
    int score1;
    int score2;
}stu1[2], stu2[2], * p, * q;
```

```
/*输入数据子函数*/
void setInfo(int len)
{
    int j;
    for(j=0;j<len;j++)
    {
        printf("input [%d] student_no:", j+1);
        /*为学号指针变量动态分配20个字符的内存空间*/
        stu1[j]. no=(char*)malloc(20);
        scanf("%s", stu1[j]. no);
        fflush(stdin);             //清空缓冲区
        printf("input [%d] student_name:", j+1);
        /*为姓名指针变量动态分配20个字符的内存空间*/
        stu1[j]. name=(char*)malloc(20);
        scanf("%s", stu1[j]. name);
        fflush(stdin);
        printf("input [%d] student_score1:", j+1);
        scanf("%d", &stu1[j]. score1);
        printf("input [%d] student_score2:", j+1);
        scanf("%d", &stu1[j]. score2);
        stu1[j]. sc_all=(stu1[j]. score1+stu1[j]. score2)/2.0;
    }
}

/*输出数据子函数*/
void display(int len)
{
    int j;
    printf("\n* * * * * * * * * * * * * student_list * * * * * * * * * * * *\n");
    printf("id    student_no    student_name      student_sc\n");
    for(j=0;j<len;j++)
    {
        printf("%-2d       %-11s      %-15s %-5.2f\n", j+1, stu2[j]. no, stu2[j]. name,
stu2[j]. sc_all);
    }
}
main()
{
    FILE *fp;
    p=stu1;
    q=stu2;
    if((fp=fopen("d:\\sc_list", "wb+"))==NULL)
    {
```

```
            printf("Cannot open file");
            exit(1);
        }
        printf("\n * * * * * * * * * * * * * student_list * * * * * * * * * * * * * \n");
        setInfo(2);
        p=stu1;
        fwrite(p, sizeof(struct student), 2, fp);    //向文件写入两个数据块
        rewind(fp);        //文件定位在文件首部
        fread(q, sizeof(struct student), 2, fp);    //从文件读取两个数据块
        display(2);
        fclose(fp);
    }
```

2. 运行调试

运行调试结果如图 9.13 所示。

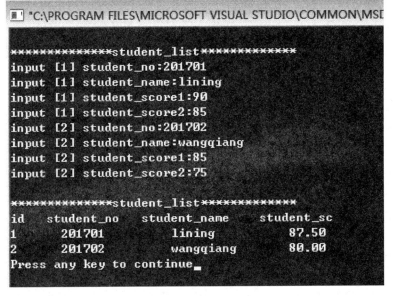

图 9.13 运行调试结果

 **任务小结**

通过"文件访问"任务，了解了文件的概念、文件的分类和各类文件的特点。学习了 C 语言中文件访问的具体操作步骤：

（1）用 fopen()函数打开文件。文件在打开时一定要选择正确的文件读写方式。

（2）对文件进行读写操作。对于文件的读写，本章介绍了 fputc()和 fgetc()、fputs()和 fgets()、fprintf()和 fscanf()以及 fwrite()和 fread()等多种文件读写函数，了解了它们的使用方法及使用场合。

（3）用 fclose()函数关闭文件。

文本文件的读写方式只能是顺序读写，而二进制文件的读写方式可以是顺序读写也可以是随机读写。fseek()函数一般用于随机读写时的读写指针定位。rewind()函数可将文件内部的位置指针重新移动到文件的开始位置，ftell()函数可以获取到文件位置指针在文件中的当前位置。

 课后习题

一、选择题

1. 关于二进制文件和文本文件描述正确的是(　　)。

A. 文本文件把每一个字节存成一个 ASCII 代码的形式，只能存放字符或字符串数据

B. 二进制文件把内存中的数据按其在内存中的存储形式原样输出到磁盘上存放

C. 二进制文件可以节省外存空间和转换时间，不能存放字符形式的数据

D. 一般中间结果数据需要暂时保存在外存上，以后又需要输入内存的，常用文本文件保存

2. 利用 fopen(fname,mode)函数实现的操作不正确的是(　　)。

A. 正常返回被打开文件的文件指针，若执行 fopen()函数时发生错误，则函数返回 NULL

B. 若找不到由 fname 指定的相应文件，则按指定的名字建立一个新文件

C. 若找不到由 fname 指定的相应文件，并且 mode 规定按读方式打开文件，则产生错误

D. 为 fname 指定的相应文件开辟一个缓冲区，调用操作系统提供的打开或建立新文件功能

3. 若要用 fopen()函数打开一个新的二进制文件，该文件要既能读也能写，则文件方式字符串应是(　　)。

A. "ab+"　　　　　　B. "wb+"　　　　　　C. "rb+"　　　　　　D. "ab"

4. fscanf()函数的正确调用形式是(　　)。

A. fscanf(fp,格式字符串,输出表列);

B. fscanf(格式字符串,输出表列,fp);

C. fscanf(格式字符串,文件指针,输出表列);

D. fscanf(文件指针,格式字符串,输入表列);

5. fgetc()函数的作用是从指定文件读入一个字符，该文件的打开方式必须是(　　)。

A. 只写　　　　　　B. 追加　　　　　　C. 读或读写　　　　D. 答案 b 和 c 都正确

6. 利用 fwrite(buffer,sizeof(Student),3,fp)函数实现的操作，以下描述不正确的是(　　)。

A. 将三个学生的数据块按二进制形式写入文件

B. 将由 buffer 指定的数据缓冲区内的 3 * sizeof(Student)个字节的数据写入指定文件

C. 返回实际输出数据块的个数，若返回 0 值，则表示输出结束或发生了错误

D. 若由 fp 指定的文件不存在，则返回 0 值

7. 利用 fread(buffer,size,count,fp)函数可实现的操作是(　　)。

A. 从 fp 指向的文件中，将 count 个字节的数据读到由 buffer 指向的数据区中

B. 从 fp 指向的文件中，将 size * count 个字节的数据读到由 buffer 指向的数据区中

C. 以二进制形式读取文件中的数据，返回值是实际从文件读取数据块的个数 count

D. 若文件操作出现异常，则返回实际从文件读取数据块的个数

8. 检查由 fp 指定的文件在读写时是否出错的函数是（　　）。

A. feof()　　　　　　B. ferror()　　　　　　C. clearerr(fp)　　　D. ferror(fp)

9. 函数调用语句 fseek(fp，−20L，2);的含义是（　　）。

A. 将文件位置指针移到距离文件头 20 个字节处

B. 将文件位置指针从当前位置向后移动 20 个字节

C. 将文件位置指针从文件末尾处后退 20 个字节

D. 将文件位置指针移到距当前位置 20 个字节处

10. 若 fp 是指向某文件的指针，文件操作结束之后，关闭文件指针应使用（　　）语句。

A. fp＝fclose();　　B. fp＝fclose;　　　C. fclose;　　　　　D. fclose(fp);

11. 函数 fseek(pf，OL，SEEK_END)中的 SEEK_END 代表的起始点是（　　）。

A. 文件开始　　　　B. 文件末尾　　　　C. 文件当前位置　　D. 以上都不对

二、编程题

1. 一条学生的记录包括学号、姓名和成绩等信息，编程完成如下操作：

(1) 格式化输入多个学生记录。

(2) 利用 fwrite()函数将学生信息按二进制方式写到文件中。

(3) 利用 fread()函数从文件中读出成绩并求平均值。

(4) 对文件中按成绩排序，将成绩单写入文本文件中。

2. 编写一个程序，统计某文本文件中包含句子的个数。

3. 编写一个函数，实现单词的查找，对于已打开文本文件，统计其中包含某单词的个数。

附 录 一

常用字符与 ASCII 码对照表

八进制	十六进制	十进制	字符	八进制	十六进制	十进制	字符
00	00	0	nul	32	1a	26	sub
01	01	1	soh	33	1b	27	esc
02	02	2	stx	34	1c	28	fs
03	03	3	etx	35	1d	29	gs
04	04	4	eot	36	1e	30	re
05	05	5	enq	37	1f	31	us
06	06	6	ack	40	20	32	sp
07	07	7	bel	41	21	33	!
10	08	8	bs	42	22	34	"
11	09	9	ht	43	23	35	#
12	0a	10	nl	44	24	36	$
13	0b	11	vt	45	25	37	%
14	0c	12	ff	46	26	38	&
15	0d	13	cr	47	27	39	`
16	0e	14	so	50	28	40	(
17	0f	15	si	51	29	41	)
20	10	16	dle	52	2a	42	*
21	11	17	dc1	53	2b	43	+
22	12	18	dc2	54	2c	44	,
23	13	19	dc3	55	2d	45	—
24	14	20	dc4	56	2e	46	.
25	15	21	nak	57	2f	47	/
26	16	22	syn	60	30	48	0
27	17	23	etb	61	31	49	1
30	18	24	can	62	32	50	2
31	19	25	em	63	33	51	3

八进制	十六进制	十进制	字符	八进制	十六进制	十进制	字符
64	34	52	4	132	5a	90	Z
65	35	53	5	133	5b	91	[
66	36	54	6	134	5c	92	\
67	37	55	7	135	5d	93	]
70	38	56	8	136	5e	94	ˆ
71	39	57	9	137	5f	95	_
72	3a	58	:	140	60	96	'
73	3b	59	;	141	61	97	a
74	3c	60	<	142	62	98	b
75	3d	61	=	143	63	99	c
76	3e	62	>	144	64	100	d
77	3f	63	?	145	65	101	e
100	40	64	@	146	66	102	f
101	41	65	A	147	67	103	g
102	42	66	B	150	68	104	h
103	43	67	C	151	69	105	i
104	44	68	D	152	6a	106	j
105	45	69	E	153	6b	107	k
106	46	70	F	154	6c	108	l
107	47	71	G	155	6d	109	m
110	48	72	H	156	6e	110	n
111	49	73	I	157	6f	111	o
112	4a	74	J	160	70	112	p
113	4b	75	K	161	71	113	q
114	4c	76	L	162	72	114	r
115	4d	77	M	163	73	115	s
116	4e	78	N	164	74	116	t
117	4f	79	O	165	75	117	u
120	50	80	P	166	76	118	v
121	51	81	Q	167	77	119	w
122	52	82	R	170	78	120	x
123	53	83	S	171	79	121	y
124	54	84	T	172	7a	122	z
125	55	85	U	173	7b	123	{
126	56	86	V	174	7c	124	|
127	57	87	W	175	7d	125	}
130	58	88	X	176	7e	126	~
131	59	89	Y	177	7f	127	del

运算符优先级及其结合性

优先级	运 算 符	含 义	运算类型	结合性
1	（ ）	圆括号、函数参数表	单目运算符	
	［ ］	数组元素下标	双目运算符	自左向右
	—>	指向结构体成员		
	.	引用结构体成员		
2	！	逻辑非	单目运算符	自右向左
	~	按位取反		
	++ ——	增1、减1		
	—	求负		
	*	指针间接引用运算符		
	&	取地址运算符		
	（类型表示符）	强制类型转换运算符		
	sizeof	取占内存大小运算符		
3	* / %	乘、除、整数求余	双目算术运算符	自左向右
4	+ -	加、减	双目算术运算符	自左向右
5	<< >>	左移、右移	双目位运算符	自左向右
6	< <=	小于、小于等于	双目关系运算符	自左向右
	> >=	大于、大于等于		
7	== !=	等于、不等于	双目关系运算符	自左向右
8	&	按位与	双目位运算符	自左向右
9	^	按位异或	双目位运算符	自左向右
10	|	按位或	双目位运算符	自左向右
11	&&	逻辑与	双目逻辑运算符	自左向右
12	||	逻辑或	双目逻辑运算符	自左向右
13	?:	条件运算符	三目运算符	自右向左

优先级	运 算 符	含 义	运算类型	结合性
14	=	赋值运算符	双目运算符	自右向左
	+= -= *= /= %= &= ^= |= <<= >>=	复合赋值运算符		
15	,	逗号运算符	顺序求值运算	自左向右

说明：

（1）运算符的结合性只对相同优先级的运算符有效。也就是说，只有表达式中相同优先级的运算符在连用时，才按照运算符的结合性所规定的顺序运算。而不同优先级的运算符连用时，先操作优先级高的运算。

（2）对于上表所罗列的优先级关系可按照如下方法记忆：首先记两边，初等运算符()、[]、->、. 的优先级最高，逗号运算符最低，赋值运算符和复合赋值运算符次低。其次，单目运算符的优先级高于双目运算符，双目运算符的优先级高于三目运算符。最后，算术运算符优先级高于其他双目运算符，移位运算符高于关系运算符，关系运算符高于除移位之外的位运算符，位运算符高于逻辑运算符。

（3）同一优先级的运算符，运算次序由结合方向所决定。简单记忆的方法如下：！＞算术运算符＞关系运算符＞&& ＞‖＞赋值运算符。

附 录 三

C语言常用库函数

库函数并不是C语言的一部分，它是由编译系统根据一般用户的需要编制并提供给用户使用的一组程序。每一种C编译系统都提供了一批库函数，不同的编译系统所提供的库函数的数目、函数名及函数功能是不完全相同的。ANSI C标准提出了一批建议提供的标准库函数。它包括了目前多数C编译系统所提供的库函数，但也有一些是某些C编译系统未曾实现的。考虑到通用性，本附录列出ANSI C建议的常用库函数。

由于C库函数的种类和数目很多，例如，有屏幕和图形函数、时间日期函数、与系统有关的函数等，每一类函数又包括各种功能的函数，限于篇幅，本附录不能全部介绍，只从教学需要的角度列出最基本的。读者在编写C程序时可根据需要，查阅有关系统的函数使用手册。

1. 数学函数

在使用数学函数时，应该在源文件中使用预编译命令：

　　♯include ＜math. h＞或♯include "math. h"

数学函数的列表如下：

函数名	函数原型	功　　能	返回值
acos	double acos(double x);	计算arccos x的值，其中，−1<＝x<＝1	计算结果
asin	double asin(double x);	计算arcsin x的值，其中，−1<＝x<＝1	计算结果
atan	double atan(double x);	计算arctan x的值	计算结果
atan2	double atan2（double x，double y）;	计算arctanx/y的值	计算结果
cos	double cos(double x);	计算cos x的值，其中，x的单位为弧度	计算结果
cosh	double cosh(double x);	计算x的双曲余弦cosh x的值	计算结果
exp	double exp(double x);	求e^x的值	计算结果
fabs	double fabs(double x);	求x的绝对值	计算结果
floor	double floor(double x);	求出不大于x的最大整数	该整数的双精度实数

函数名	函数原型	功　能	返回值
fmod	double fmod (double x, double y);	求整除 x/y 的余数	返回余数的双精度实数
frexp	double frexp (double val, int * eptr);	把双精度数 val 分解成数字部分（尾数）和以 2 为底的指数，即 val＝x * 2ⁿ,n 存放在 eptr 指向的变量中	数字部分 x, 其中 0.5＜＝x＜1
log	double log(double x);	求 lnx 的值	计算结果
log10	double log10(double x);	求 lgx 的值	计算结果
modf	double modf (double val, int * iptr);	把双精度数 val 分解成数字部分和小数部分，把整数部分存放在 ptr 指向的变量中	val 的小数部分
pow	double pow (double x, double y);	求 xʸ 的值	计算结果
sin	double sin(double x);	求 sin x 的值，其中, x 的单位为弧度	计算结果
sinh	double sinh(double x);	计算 x 的双曲正弦函数 sinh x 的值	计算结果
sqrt	double sqrt (double x);	计算 $\sqrt{x}$, 其中, x≥0	计算结果
tan	double tan(double x);	计算 tan x 的值，其中, x 的单位为弧度	计算结果
tanh	double tanh(double x);	计算 x 的双曲正切函数 tanh x 的值	计算结果

2. 字符函数

在使用字符函数时，应该在源文件中使用预编译命令：

♯include ＜ctype. h＞或 ♯include "ctype. h"

字符函数的列表如下：

函数名	函数原型	功　能	返回值
isalnum	int isalnum (int ch);	检查 ch 是否字母或数字	是，字母或数字返回 1；否则，返回 0
isalpha	int isalpha (int ch);	检查 ch 是否字母	是，字母返回 1；否则返回 0
iscntrl	int iscntrl (int ch);	检查 ch 是否控制字符（其 ASCII 码在 0 和 0xlF 之间）	是，控制字符返回 1；否则返回 0
isdigit	int isdigit(int ch);	检查 ch 是否数字	是，数字返回 1；否则返回 0
isgraph	int isgraph (int ch);	检查 ch 是否是可打印字符（其 ASCII 码在 0x21 和 0x7e 之间），不包括空格	是，可打印字符返回 1；否则返回 0

函数名	函数原型	功　能	返回值
islower	int　islower（int　ch）;	检查 ch 是否是小写字母(a～z)	是，小字母返回 1；否则返回 0
isprint	int　isprint（int　ch）;	检查 ch 是否是可打印字符(其 ASCII 码在 0x21 和 0x7e 之间)，不包括空格	是，可打印字符返回 1；否则返回 0
ispunct	int　ispunct（int　ch）;	检查 ch 是否是标点字符(不包括空格)即除字母、数字和空格以外的所有可打印字符	是，标点返回 1；否则返回 0
isspace	int　isspace（int　ch）;	检查 ch 是否空格、跳格符(制表符)或换行符	是，返回 1；否则返回 0
isupper	int　isupper（int　ch）;	检查 ch 是否大写字母(A～Z)	是，大写字母返回 1；否则返回 0
isxdigit	int　isxdigit（int　ch）;	检查 ch 是否一个 16 进制数字(即 0～9，或 A 到 F，a～f)	是，返回 1；否则返回 0
tolower	int　tolower（int　ch）;	将 ch 字符转换为小写字母	返回 ch 对应的小写字母
toupper	int　toupper（int　ch）;	将 ch 字符转换为大写字母	返回 ch 对应的大写字母

3. 字符串函数

在使用字符串函数时，应该在源文件中使用预编译命令：

　　♯include ＜string.h＞或♯include "string.h"

字符串函数的列表如下：

函数名	函数原型	功　能	返回值
memchr	void * memchr（void * buf, char ch, unsigned count）;	在 buf 的前 count 个字符中搜索字符 ch 首次出现的位置	返回指向 buf 中 ch 的第一次出现的位置指针。若没有找到 ch，则返回 NULL
memcmp	int memcmp（void * buf1, void * buf2, unsigned count）;	按字典顺序比较由 buf1 和 buf2 指向的数组的前 count 个字符	buf1＜buf2，为负数 buf1＝buf2，返回 0 buf1＞buf2，为正数
memcpy	void * memcpy（void * to, void * from, unsigned count）;	将 from 指向的数组中的前 count 个字符拷贝到 to 指向的数组中。from 和 to 指向的数组不允许重叠	返回指向 to 的指针
memove	void * memove（void * to, void * from, unsigned count）;	将 from 指向的数组中的前 count 个字符拷贝到 to 指向的数组中。from 和 to 指向的数组不允许重叠	返回指向 to 的指针

函数名	函数原型	功　　能	返回值
memset	void ＊ memset（void ＊ buf，char ch，unsigned count）；	将字符 ch 拷贝到 buf 指向的数组前 count 个字符中	返回 buf
strcat	char ＊ strcat（char ＊ str1，char ＊ str2）；	把 str2 接到 str1 后面，取消原来 str1 最后面的字符串终止符′\0′	返回 str1
strchr	char ＊ strchr（char ＊ str，int ch）；	找出 str 指向的字符串中第一次出现字符 ch 的位置	返回指向该位置的指针，若找不到，则应返回 NULL
strcmp	int strcmp（char ＊ str1，char ＊ str2）；	比较字符串 str1 和 str2	若 str1＜str2，为负数若 str1＝str2，返回 0若 str1＞str2，为正数
strcpy	char ＊ strcpy（char ＊ str1，char ＊ str2）；	把 str2 指向的字符串拷贝到 str1 中去	返回 str1
strlen	unsigned int strlen（char ＊ str）；	统计字符串 str 中字符的个数（不包括终止符′\0′）	返回字符个数
strncat	char ＊ strncat（char ＊ str1，char ＊ str2，unsigned count）；	把 str2 指向的字符串中最多 count 个字符连到 str1 后面，并以 NULL 结尾	返回 str1
strncmp	int strncmp（char ＊ str1，＊ str2，unsigned count）；	比较字符串 str1 和 str2 中至多前 count 个字符	若 str1＜str2，为负数若 str1＝str2，返回 0若 str1＞str2，为正数
strncpy	char ＊ strncpy（char ＊ str1，＊ str2，unsigned count）；	把 str2 指向的字符串中最多前 count 个字符拷贝到串 str1 中去	返回 str1
strnset	void ＊ setnset（char ＊ buf，char ch，unsigned count）；	将字符 ch 拷贝到 buf 指向的数组前 count 个字符中	返回 buf
strset	void ＊ setset（void ＊ buf，char ch）；	将 buf 所指向的字符串中的全部字符都变为字符 ch	返回 buf
strstr	char ＊ strstr（char ＊ str1，＊ str2）；	寻找 str2 指向的字符串在 str1 指向的字符串中首次出现的位置	返回 str2 指向的字符串首次出向的地址；否则返回 NULL

4．输入、输出函数

在使用输入、输出函数时，应该在源文件中使用预编译命令：

＃include ＜stdio. h＞或＃include "stdio. h"

输入、输出函数的列表如下：

函数名	函数原型	功　　　能	返回值
clearer	void clearer(FILE * fp);	清除文件指针错误指示器	无
close	int close(int fp);	关闭文件(非 ANSI 标准)	关闭成功返回 0，不成功则返回－1
creat	int creat (char * filename, int mode);	以 mode 所指定的方式建立文件(非 ANSI 标准)	成功返回正数；否则返回－1
eof	int eof(int fp);	判断 fp 所指的文件是否结束	件结束返回 1；否则返回 0
fclose	int fclose(FILE * fp);	关闭 fp 所指的文件，释放文件缓冲区	关闭成功返回 0，不成功则返回非 0
feof	int feof(FILE * fp);	检查文件是否结束	文件结束返回非 0；否则返回 0
ferror	int ferror(FILE * fp);	测试 fp 所指的文件是否有错误	无错返回 0；否则返回非 0
fflush	int fflush(FILE * fp);	将 fp 所指的文件的全部控制信息和数据存盘	存盘正确返回 0；否则返回非 0
fgets	char * fgets(char * buf, int n, FILE * fp);	从 fp 所指的文件读取一个长度为(n-1)的字符串，存入起始地址为 buf 的空间	返回地址 buf。若遇文件结束或出错，则返回 EOF
fgetc	int fgetc(FILE * fp);	从 fp 所指的文件中取得下一个字符	返回所得到的字符。出错则返回 EOF
fopen	FILE * fopen (char * filename, char * mode);	以 mode 指定的方式打开名为 filename 的文件	成功，则返回一个文件指针；否则返回 0
fprintf	int fprintf (FILE * fp, char * format, args, …);	把 args 的值以 format 指定的格式输出到 fp 所指的文件中	实际输出的字符数
fputc	int fputc(char ch, FILE * fp);	将字符 ch 输出到 fp 所指的文件中	成功返回该字符，出错则返回 EOF
fputs	int fputs(char str, FILE * fp);	将 str 指定的字符串输出到 fp 所指的文件中	成功返回 0，出错则返回 EOF
fread	int fread (char * pt, unsigned size, unsigned n, FILE * fp);	从 fp 所指定文件中读取长度为 size 的 n 个数据项，存到 pt 所指向的内存区	返回所读的数据项个数，若文件结束或出错，则返回 0
fscanf	int fscanf (FILE * fp, char * format, args, …);	从 fp 指定的文件中按给定的 format 格式将读入的数据送到 args 所指向的内存变量中(args 是指针)	以输入的数据个数
fseek	int fseek (FILE * fp, long offset, int base);	将 fp 指定的文件的位置指针移到 base 所指出的位置为基准、以 offset 为位移量的位置	返回当前位置；否则返回－1
ftell	long ftell(FILE * fp);	返回 fp 所指定的文件中的读写位置	返回文件中的读写位置；否则返回 0

函数名	函数原型	功　能	返回值
fwrite	int fwrite (char * ptr, unsigned size, unsigned n, FILE * fp);	把 ptr 所指向的 n * size 个字节输出到 fp 所指向的文件中	写到 fp 文件中的数据项的个数
getc	int getc(FILE * fp);	从 fp 所指向的文件中读出下一个字符	返回读出的字符,若文件出错或结束,则返回 EOF
getchar	int getchar();	从标准输入设备中读取下一个字符	返回字符,若文件出错或结束,则返回 −1
gets	char * gets(char * str);	从标准输入设备中读取字符串存入 str 指向的数组	成功返回 str;否则返回 NULL
open	int open (char * filename, int mode);	以 mode 指定的方式打开已存在的名为 filename 的文件(非 ANSI 标准)	返回文件号(正数),若打开失败,则返回 −1
printf	int printf(char * format, args, …);	在 format 指定的字符串的控制下,将输出列表 args 的值输出到标准设备	输出字符的个数。若出错,则返回负数
prtc	int prtc(int ch, FILE * fp);	把一个字符 ch 输出到 fp 所指的文件中	输出字符 ch,若出错,则返回 EOF
putchar	int putchar(char ch);	把字符 ch 输出到 fp 标准输出设备	返回换行符,若失败,则返回 EOF
puts	int puts(char * str);	把 str 指向的字符串输出到标准输出设备,将'\0'转换为回车行	返回换行符,若失败,则返回 EOF
putw	int putw(int w, FILE * fp);	将一个整数 i(即一个字)写到 fp 所指的文件中(非 ANSI 标准)	返回读出的字符,若文件出错或结束,则返回 EOF
read	int read(int fd, char * buf, unsigned count);	从文件号 fp 所指定文件中读 count 个字节到由 buf 知识的缓冲区(非 ANSI 标准)	返回真正读出的字节个数,若文件结束返回 0,出错则返回 −1
remove	int remove (char * fname);	删除以 fname 为文件名的文件	成功返回 0,出错则返回 −1
rename	int remove (char * oname, char * nname);	把 oname 所指的文件名改为由 nname 所指的文件名	成功返回 0,出错则返回 −1
rewind	void rewind(FILE * fp);	将 fp 指定的文件指针置于文件头,并清除文件结束标志和错误标志	无
scanf	int scanf(char * format, args, …);	从标准输入设备按 format 指示的格式字符串规定的格式,输入数据给 args 所指示的单元。args 为指针	读入并赋给 args 数据个数。若文件结束,则返回 EOF;若出错,则返回 0
	int write(int fd, char * buf unsigned count);	从 buf 指示的缓冲区输出 count 个字符到 fd 所指的文件中(非 ANSI 标准)	返回实际写入的字节数,若出错,则返回 −1

5．动态存储分配函数

在使用动态存储分配函数时，应该在源文件中使用预编译命令：

　　♯ include ＜stdlib. h＞或♯ include "stdlib. h"

动态存储分配函数的列表如下：

函数名	函数原型	功　　能	返回值
callloc	void ＊ calloc (unsigned n, unsigned size)；	分配 n 个数据项的内存连续空间，每个数据项的大小为 size	分配内存单元的起始地址。若不成功，则返回 0
free	void free(void ＊ p)；	释放 p 所指内存区	无
malloc	void ＊ malloc(unsigned size)；	分配 size 字节的内存区	所分配的内存区地址，若内存不够，则返回 0
realloc	void ＊ realloc (void ＊ p, unsigned size)；	将 p 所指的已分配的内存区的大小改为 size。size 可以比原来分配的空间大或小	返回指向该内存区的指针。若重新分配失败，则返回 NULL

6．其他函数

有些函数由于不便归入某一类，因此单独列出。在使用这些函数时，应该在源文件中使用预编译命令：

　　♯ include ＜stdlib. h＞或♯ include "stdlib. h"

其他函数的列表如下：

函数名	函数原型	功　　能	返回值
abs	int abs(int num)；	计算整数 num 的绝对值	返回计算结果
atof	doubleatof(char ＊ str)；	将 str 指向的字符串转换为一个 double 型的值	返回双精度计算结果
atoi	int atoi(char ＊ str)；	将 str 指向的字符串转换为一个 int 型的值	返回转换结果
atol	longatol(char ＊ str)；	将 str 指向的字符串转换为一个 long 型的值	返回转换结果
exit	void exit(int status)；	中止程序运行。将 status 的值返回调用的过程	无
itoa	char ＊ itoa(int n, char ＊ str, int radix)；	将整数 n 的值按照 radix 进制转换为等价的字符串，并将结果存入 str 指向的字符串中	返回一个指向 str 的指针
labs	long labs(long num)；	计算 long 型整数 num 的绝对值	返回计算结果

函数名	函数原型	功　　能	返回值
ltoa	char ＊ ltoa（long n，char ＊ str，int radix）；	将长整数 n 的值按照 radix 进制转换为等价的字符串，并将结果存入 str 指向的字符串	返回一个指向 str 的指针
rand	int rand()；	产生 0 到 RAND_MAX 之间的伪随机数。RAND_MAX 在头文件中定义	返回一个伪随机（整）数
random	int random(int num)；	产生 0 到 num 之间的随机数	返回一个随机（整）数
randomize	void randomize()；	初始化随机函数，使用时包括头文件 time.h	